全秸硬茬地
高质顺畅机播关键技术研究

胡志超　著

中国农业科学技术出版社

图书在版编目（CIP）数据

全秸硬茬地高质顺畅机播关键技术研究 / 胡志超著. —北京：中国农业科学技术出版社，2019.11

ISBN 978-7-5116-4412-1

Ⅰ.①全… Ⅱ.①胡… Ⅲ.①秸秆还田—肥料机械—粉碎机—研究 Ⅳ.①S224.29

中国版本图书馆 CIP 数据核字（2019）第 208781 号

责任编辑　姚　欢
责任校对　马广洋

出 版 者　中国农业科学技术出版社
　　　　　　　北京市中关村南大街12号　　邮编：100081
电　　话　（010）82109708（编辑室）　（010）82109702（发行部）
　　　　　　　（010）82109709（读者服务部）
传　　真　（010）82106650
网　　址　http: // www.castp.cn
经 销 者　各地新华书店
印 刷 者　北京建宏印刷有限公司
开　　本　710mm×1 000mm　1/16
印　　张　13.5
字　　数　230千字
版　　次　2019年11月第1版　　2019年11月第1次印刷
定　　价　96.00元

作者简介

胡志超，男，汉族，1963年1月生，西安市蓝田县人，二级研究员、博士、博士生导师，现任农业农村部南京农业机械化研究所党委书记，中国农业科学院创新团队首席科学家、国家花生产业技术体系机械研究室主任、农业农村部南方种子加工工程技术中心主任、全国农机化科技创新收获机械化专业组组长、农业农村部全程机械化推进行动花生专业组组长、江苏省发明协会副会长。

长期从事农业技术装备研发，先后负责完成国家和省部级科研专项20多项，在种子加工、花生收获、全秸硬茬地播种三大领域实现原创性突破，两项成果整体技术水平处于国际领先，一项处于国际先进。获国家发明专利72件；出版专著3部，发表论文296篇，其中SCI、EI收录72篇；创制农机新产品20多项。获国家技术发明二等奖1项（第一完成人）、省部级科技一等奖3项（第一完成人）、二等奖7项。

获"中国农业机械化发展60周年杰出人物""中国农业科学院建院60周年卓越奉献奖""中国农业科学院农科英才领军人才""江苏省中青年首席科学家""江苏省十大杰出专利发明人""南京市十大科技之星""国务院特贴专家""全国五一劳动奖章"。

所带领的科研团队荣获"中华农业科技奖优秀创新团队奖"，先后被授予"江苏省工人先锋号"和"全国工人先锋号"荣誉称号。

实现农作物秸秆经济有效资源化利用，事关我国农业可持续发展。多年来，为破解这一难题，我国高校科研院所和企业开展了大量研发工作，各级政府亦从政策层面加强引导扶持并严加管控，但秸秆焚烧问题依然禁而不止。

我国农作物秸秆产量大、种植模式多样、标准化程度低、收获方式复杂，秸秆收、运、储难度大，而且成本高、效益低，导致秸秆燃料化和饲料化的传统需求锐减，真正经济有效的移出资源化利用模式不多。因此，全量秸秆就地还田成为当下中国广大农民的自觉选择，秸秆就地还田肥料化利用成为我国秸秆资源化利用最主要的途径之一，前茬作物收获后，不做任何秸秆收集移出和耕整地处理的"全秸硬茬地"已成为我国耕种新常态。

在"全秸硬茬地"工况下，通常须由多台设备多次下田完成秸秆粉碎、犁翻、旋耕、播种作业，费工费时，难以推广。面对复杂多样的"全秸硬茬地"，无论是抢农时、节约成本、提高复种指数，还是耕地提质保育、秸秆禁烧、保护生态，均迫切需要有一种能一次下田即可完成后茬作物高质顺畅播种的技术与装备。

《全秸硬茬地高质顺畅机播关键技术研究》一书中，作者对农作物秸秆资源化利用、秸秆全量还田机播技术模式与国内外传统典型免耕播种设备等进行了系统梳理；分析了全秸硬茬地作业工况下传统机播存在的技术难题，创造性提出了全秸硬茬地"碎秸跨越移位"与"碎秸行间集铺"机播新思路；针对全秸硬茬地高质顺畅机播关键技术开展了系统深入的研究，采用基础研究、关键部件创制与装备研发并举并重，创制出一次下田即可完成"秸秆粉碎、跨越移位、施肥播种、均匀抛撒"

作业与"秸秆粉碎、种带清茬、施肥播种、行间集铺"作业的全秸硬茬地多功能一体化播种系列技术装备,创造了全秸硬茬地高质顺畅机播新途径。

　　该书著者胡志超研究员带领团队长期致力于农业装备的研发工作,具有丰富的理论知识、创新能力与实践经验。相信本书的出版,可有效弥补我国当前全秸硬茬地机械化播种技术应用基础研究与关键技术的不足,为全秸硬茬地多功能一体化播种机及全量秸秆还田免耕播种类似机具的研发提供技术基础和有效参考,可稳步推动我国机械化播种技术进步和升级,为秸秆禁烧、保护生态环境和促进农业绿色生产行动提供技术支撑等起到积极的作用。

罗锡文

2019年10月20日

在农作物秸秆"五料化利用"中，秸秆全量还田肥料化利用不仅在美欧及日韩占比均在2/3以上，在我国占比也达到近50%，且呈增长态势，秸秆收集移出费工费时、效益低下，全量还田肥料化利用是我国目前最行之有效的秸秆综合利用方式和未来秸秆资源化利用的主体方向。在广大农民普遍自觉选择全量秸秆就地还田的当下中国，前茬作物收获后，未做任何秸秆收集移出和耕整地处理的"全秸硬茬地"已成为耕种新常态。

目前，我国已相继研发出了多种秸秆还田技术装备，并以技术装备为载体，探索出了多种全秸硬茬地秸秆还田机械化播种技术模式，但采用全量秸秆深翻还田、混埋还田机播技术模式均需多台设备多次下田完成多道工序，普遍存在作业成本较高、费工费时、作业质量差等问题；而现有传统免耕播种装备在全秸硬茬地直接播种时，因秸秆的"阻滞、阻隔、阻碍"障碍，存在挂秸壅堵、架种和晾种三大技术瓶颈难题，作业顺畅性和作业质量难以保证。因此，面对复杂多样的"全秸硬茬地"，无论是抢农时、节约成本、提高复种指数，还是耕地提质保育、秸秆禁烧、保护生态，产区迫切需要能一次下田即可完成后茬作物高质顺畅播种的技术与装备。

本书中，作者对农作物秸秆资源化利用、秸秆全量还田机械化播种技术模式现状与国内外传统典型免耕播种设备进行了详细、系统的梳理和分析；阐明了我国秸秆焚烧严禁不止的原因，研究分析了全秸硬茬地耕种新常态下，作业工况的复杂多样及传统免耕机播存在的技术瓶颈难题，创造性提出全秸硬茬地"碎秸跨越移位"与"碎秸行间集铺"高质顺畅机播新思路，系统阐述全秸硬茬地机播去秸障、碎秸覆还与碎秸输秸防堵滞等关键技术研究，选取全秸硬茬地碎秸跨越移位播种与碎秸行间条覆播种技术装备典型机型，细述其关键部件结构、参数设计及整机研制；在全秸硬茬地机播碎秸输秸关键技术研究方面，对与其机械特性相关的农作物秸秆含水率、最大剪切力、堆积密度、摩擦系数等物理特性进行定量、定性分析与研究，重点开展了碎秸高度自动调控、碎秸性能与功耗、碎秸抛送数值模拟分析、碎秸输送功耗等研究和试验优化；在全秸硬茬地机播碎秸覆还关键技术研究方面，重点开展了碎秸抛撒装置、碎秸分流调控装置和碎秸导流条覆装置试验研究与优化设计；本书亦详细阐述了全秸硬茬地"碎秸跨越移位"与"碎秸行间集铺"播种试验与示范应用，重点对全麦秸硬茬地机播花生、全稻秸硬茬地机播小麦和全玉米秸硬茬地机播小麦开展播种作业性能试验考核及田间长势、产量对比研究。

本书著者长期致力于农业技术装备研发工作，现任中国农业科学院创新团队首席科学家、国家花生产业技术体系机械研究室主任、农业部主要农作物生产全程机械化推进行动专家指导组花生组组长、全国农机化科技创新收获机械化专业组组长、江苏省发明协会副会长，具有丰富的理论知识、创新能力和实践经验。本书是著者及其团队成员近年来在全秸硬茬地播种、花生收获等绿色耕作与土下果实生产机械化技术领域深入研究和对相关文献进行系统归纳总结基础上形成的著作，可为科研、教学以及相关农业技术人员提供参考。

本书的出版得到了农业农村部南京农业机械化研究所各位所领导和农产品收获与产后加工工程技术研究中心全体同仁的鼎力支持与无私帮助，在此向他们致以崇高的敬意和真诚的感谢！由于著者水平所限，书中难免有不足之处，敬请广大读者不吝指正。

著 者

2019年10月20日

目 录

1 农作物秸秆资源化利用与还田机播技术

1.1 农作物秸秆主要用途

农作物秸秆是指各类农作物在收获主要农产品后剩余的地上部分的所有茎叶或藤蔓，一般主要有麦秸、稻秸、玉米秸、大豆秸、油菜秸、棉花秸、花生秧、薯蔓等，是农作物的主要副产品，是自然界中数量极大且具有多种用途的可再生生物质资源。

全世界秸秆年产量约50亿t，由于估算方法不尽相同，我国秸秆资源总量的结果存在较大差异，最高估算值达10.4亿t，为世界第一秸秆资源大国。农作物秸秆主要有5个方面用途：一作燃料、二作饲料、三作肥料、四作（工业）原料、五作基料，简称"五化"利用。

1.1.1 能源化利用

农作物秸秆作为一种重要的生物质能。农作物秸秆能源化利用主要分为以下5种方式：秸秆燃料、秸秆成型燃料、秸秆气化、秸秆沼气、秸秆发电，如图1-1所示。

秸秆燃料：是将农作物秸秆晾干后，直接作为燃料进行焚烧，用于做饭、取暖等。

秸秆成型燃料：秸秆成型燃料是将农作物秸秆粉碎后，在秸秆压块设备中采用加压、加热等方式，将秸秆压缩成型，制成生活能源或工业燃料。秸秆成型燃料具有环保节能、比重大、燃烧时间长、热值高等优点。

秸秆气化：是以秸秆为原料，利用热化学反应的原理，在密闭缺氧装置内，通过热分解和化学反应，使秸秆释放出可燃混合气体。这种混合燃气中含有一氧化碳、氢气、甲烷等有效成分。

秸秆燃料　　　　　　　　　　　　　　　　秸秆成型燃料

秸秆气化　　　　　　　　　　秸秆沼气　　　　　　　　　　秸秆发电

图1-1　秸秆能源化利用方式

秸秆沼气：是指利用沼气设备，以秸秆为主要原料，在严格的厌氧环境和一定的温度、水分、酸碱度等条件下，经过沼气细菌的厌氧发酵产生的一种可燃气体，秸秆沼气又称为秸秆生物气化。

秸秆发电：农作物秸秆是一种可再生能源，一般认为2t秸秆的热值相当于1t煤，且平均含硫量仅为0.38%，远低于煤1%的平均含硫量。因此，利用秸秆进行发电，得到了发达国家的普遍重视，在我国也有一定规模的应用。

1.1.2　饲料化利用

秸秆含有丰富的营养物质，4t秸秆的营养价值相当于1t粮食，可为畜牧业持续发展提供物质保障。农作物秸秆直接作为饲料，从作物秸秆的营养特点分析，其蛋白质、可溶性碳水化合物、矿物质和胡萝卜素含量低，而粗纤维含量高，因而其适口性不好。

秸秆饲料化利用就是将秸秆经过加工处理，破坏秸秆组织机构和细胞壁，提高秸秆的营养价值，使之适口性好，为动物的消化吸收创造条件，以及便于存储和运输等。

秸秆饲料化利用技术主要有：物理处理技术、化学处理技术和生物处理技术等，如图1-2所示。

物理处理技术包括：草粉加工技术、揉丝技术、膨化技术、热喷技术、颗粒饲料加工等。

化学处理技术包括：氨化加工技术、碱化加工技术、酸贮加工技术、氧化技术、复合化学技术等。

生物处理技术包括：酶处理技术、青贮加工技术、黄贮加工技术、微贮加工技术等。

秸秆草粉　　　　　　　秸秆揉丝　　　　　　　秸秆颗粒饲料

秸秆青贮　　　　　　　秸秆黄贮　　　　　　　秸秆氨化

图1-2　秸秆饲料化利用

1.1.3　肥料化利用

农作物秸秆含有丰富的有机质、氮磷钾和微量元素，是农业生产重要的有机肥源。秸秆还田用作肥料是当今世界上普遍重视的一项培肥地力增产措施。

秸秆还田方式可分为直接还田和间接还田，如图1-3所示。直接还田又分为粉碎翻压还田、覆盖还田、粉碎混埋还田等方式；间接还田技术又分为炭化还田、高温堆沤还田、醇肥还田、腐熟还田、生物反应堆还田、过腹还田等方式。

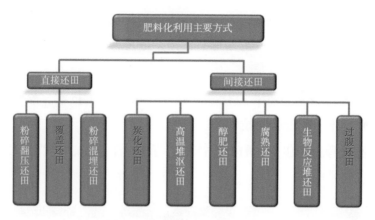

图1-3　秸秆肥料化利用主要方式

　　秸秆直接还田方式比较简单、方便、快捷、省工，因此，采用直接还田比较普遍。秸秆机械化直接还田是一条快捷、能大批量处理秸秆的有效途径，是现阶段防止秸秆焚烧的有效手段，是当前秸秆综合利用的主要方式之一。以下介绍几种常见的秸秆还田方式。

　　秸秆粉碎翻压还田：是利用秸秆粉碎机将农作物秸秆就地粉碎，均匀地抛撒在地表，随即翻耕入土，使之腐烂分解的技术。这样能把秸秆的营养物质完全保留在土壤里，不但增加了土壤有机质含量，培肥了地力，而且改良了土壤结构。

　　秸秆覆盖还田：是将秸秆直接覆盖在地表，这样可以减少土壤水分蒸发，从而达到保墒目的，腐烂后增加土壤有机质的技术；其又包括直接覆盖还田、留茬覆盖还田、整株覆盖还田、浅耕覆盖还田等。

　　秸秆混埋还田：是用秸秆切碎机或粉碎还田机等将农作物秸秆就地粉碎，均匀地抛撒在地表，随即采用旋耕设备耕翻入土，使秸秆与表层土壤混合，并在土壤中分解分解、腐烂，达到改善土壤结构、增加有机质含量、促进农作物持续增产的一项简便易操作的实用技术。

　　秸秆高温堆沤还田：秸秆与人畜粪尿等有机物质经过堆沤腐熟，制成堆肥、沤肥后施入土壤。其形式有厌氧和好氧发酵两种：厌氧发酵是把秸秆堆后、封闭不通风；好氧发酵是把秸秆堆后，在堆底或堆内设有通风沟。

　　秸秆醇肥还田：是将秸秆能源化与饲料化相结合的新型还田方式。

秸秆先生产乙醇，废水生产沼气，沼渣、沼液还田；乙醇生产过程中剩余的木质素，经加工后也可作为肥料，改良土壤。

秸秆腐熟还田：是指农作物收获后，及时将作物秸秆均匀平铺田间，撒施腐熟菌剂，调节碳氮比，加快还田秸秆腐熟下沉，以利于下茬农作物播种或定植。

生物反应堆还田：是指秸秆通过微生物菌种，在好氧条件下，秸秆被分解为二氧化碳、有机质、矿物质等，并产生一定的热量，二氧化碳促进作物的光合作用，有机质和矿物质为作物提供养分，产生的热量有利于提高温度。生物反应堆技术主要用于改善大棚生产中的微生态环境。

秸秆过腹还田：是利用秸秆饲喂牲畜后，经畜禽消化吸收后变成粪、尿，以粪尿施入土壤还田的技术；我国一直有将秸秆做粗饲料养畜的传统，随着近年来秸秆处理技术的提高，青贮、氨化等过腹还田技术推广明显加快；秸秆过腹还田，不仅可增加畜禽产品，还可增加大量有机肥，降低农业生产成本，促进农业生态良性循环。

1.1.4 工业原料化利用

秸秆纤维是一种天然纤维素纤维，生物降解性好，可替代木材用于生产乙醇、板材、复合材料、纸张等，也可替代粮食生产木糖醇等，如图1-4所示。

秸秆乙醇：又称纤维素乙醇，是以纤维素生物质为原料，通过物理预处理、化学预处理、生物预处理等方法，将秸秆转化为糖类物质，之后将糖类发酵为秸秆乙醇。

秸秆板材：通过切段、粉碎、干燥、拌胶、铺装、预压、热压和后处理等工序，将秸秆制成板材，其制品主要包括人造板、墙体板、纤维板、模压制品、包装材料等。

秸秆复合材料：以秸秆为原料，添加竹、塑料等其他生物质或非生物质材料，利用特定的生产工艺，生产出可用于制作环保、木塑产品的高品质、高附加值功能性复合材料。

秸秆乙醇　　　　　　　　　　秸秆板材

秸秆复合材料　　　　　　秸秆造纸　　　　　　秸秆木糖醇

图1-4　秸秆工业原料化利用

秸秆造纸：稻麦秸秆是造纸工业的重要原料之一，其纤维组织结构强，可作为木材的替代品。应用稻麦秸秆造纸，可减少森林砍伐，减少水土流失，是秸秆综合利用的有效途径之一。

秸秆木糖醇：玉米秸秆中含有大量的半纤维素，其结构单元有木糖、阿拉伯糖、葡萄糖等，其中木糖占一半以上，通过化学法或生物法可制取木糖醇。玉米秸秆、玉米芯、棉籽壳是较好的木糖醇生产原料。

秸秆建筑：在我国人们很早就已经开始使用秸秆、芦苇等材料建造房子。现代秸秆建筑是随着绿色和环保观念而兴起的，主要流行于欧美发达国家。

1.1.5　基料化利用

基料化利用是以秸秆为主要原料，加工或制备主要为动物、植物及微生物生长提供良好条件和一定营养的有机固体物料，主要包括食用菌栽培基质、植物育苗与无土栽培基质、动物饲养过程中所使用的垫料等，如图1-5所示。

食用菌栽培基质　　　　　　　　育苗基质

无土栽培基质　　　　　　　　养殖垫料

图1-5　秸秆基料化利用

食用菌基料化利用：选用多种农作物秸秆（如小麦、大豆、玉米秸秆等），利用机械粉碎成小段并碾碎，以此作为基料栽培食用菌。

育苗/无土栽培基质利用：以秸秆为主要原料，添加稻壳、砂砾等有机物或无机物以调节碳氮比和物理性状，同时调节水分，在通风干燥环境中进行有氧高温发酵，制成蔬菜、水稻、花卉等作物育苗或无土栽培的基质。

畜禽养殖垫料利用：将农作物秸秆作为主要原料之一，铺放于畜禽养殖舍内，使动物排泄物被垫料中的微生物迅速降解、消化，达到污染零排放目的。

1.2　国内外农作物秸秆资源化利用概况

1.2.1　国外农作物秸秆资源化利用概况

据联合国粮食及农业组织（FAO）统计数据估算，2012年全球秸秆总产量为50.81亿t，其中，中国秸秆总产量为9.40亿t，为世界第一秸秆产量大国，占全球秸秆总产量的18.50%；美国、印度、巴西等其他15个国家秸秆产量超过0.50亿t，合计秸秆总产量为28.75亿t，占全球56.58%；秸秆产量低于0.50亿t的其他国家，合计秸秆总产量为12.66亿t，占全球24.92%。

发达国家秸秆利用比较充分，杜绝了秸秆废弃与露天焚烧的问题，秸秆还田利用（包括秸秆直接还田和过腹还田）是发达国家秸秆利用的主体和主导方式；秸秆离田产业化利用形式多样，除饲料化利用之外，主要集中在能源化利用方面，如秸秆发电、秸秆沼气、秸秆乙醇、成型燃料等，且离田产业化利用相配套的收储运技术装备体系已相对成熟。

1.2.1.1 能源化利用概况

国外能源化利用主要方式包括4种：成型燃料、秸秆气化、秸秆沼气和秸秆发电。

秸秆成型燃料：早在20世纪30年代，美国就开始研究固体成型燃料技术，并成功研制出螺旋挤压成型机。20世纪70年代后期国际能源危机发生后，除美国外，瑞典、德国、法国、意大利、丹麦、瑞士、日本等发达国家和部分发展中国家也开始重视固体成型燃料技术的研发。

秸秆气化：秸秆气化技术得到了世界各国的广泛关注，并在许多国家实现了工业化应用，但规模普遍较小。加拿大摩尔公司研发的固定床气化装置、加拿大通用燃料气化装置公司研发的流化床气化装置，气化率可达60%～90%，可燃气热值为（1.7～2.5）×10^4kJ/m^3。

秸秆沼气：欧洲由于种植较为集中，可实现秸秆收割、切碎、运输的全部机械化作业，沼气厂与农场主签订协议，保障原料的长期稳定供应。欧洲沼气业发达国家，沼气工程规模都较大。德国工程平均池容约为1000m^3，是中国的3.5倍，且容积产气率较高，总产量约为中国的5.7倍。欧洲国家的沼气主要用于发电，其次是提纯并入天然气管网。德国、丹麦、奥地利等发达国家的沼气工程装备及其组装技术已实现了标准化、系列化和工业化，质量得到有效控制。

秸秆发电：自20世纪70年代的石油危机后，发达国家加快了生物质能利用技术的开发应用，秸秆发电技术应运而生。秸秆等生物质发电主要技术途径有：直燃发电、气化发电、沼气发电。由于秸秆气化发电和秸秆沼气发电规模相对较小，因此直燃发电是秸秆发电主要途径。丹麦BWE公司率先研发秸秆发电技术，迄今仍是该领域世界最高水平的保持者。截至2005年，丹麦已有130多座秸秆发电站，还有一部分以木屑或垃圾为燃料的发电厂也能使用秸秆，秸秆发电等可再生能源已占其全国能源消费量的24%以上；在此基础上，丹麦力争到2030年，秸秆发电和其他可再生能源占其能源构成的35%。到2005年年底，在丹麦、奥地利、荷兰、瑞典、芬兰、法国、挪威等欧洲国家，利用秸秆作为燃料发电的机组已有300多台，美国有350座生物质发电站，总装机容量达7000MW。目前，各国政府广泛重视开发和利用秸秆发电技术，欧美等发达国家的秸秆等生物质发电技术已经成熟。截至2014年，全球秸秆、林木废弃物及垃圾发电装机容量达到87.1GW，较2006年增长87%，主要集中在欧洲、美国、巴西、中国，合计约占全球的3/4以上，年发电量达到2510.5亿kW·h，较2006年增长1.5倍。

1.2.1.2　饲料化利用概况

欧美等发达国家农作物秸秆饲料化利用方式主要有2种：氨化和青贮。

氨化：早在20世纪80年代，美国西部已大规模推广稻秸、麦秸、高粱秆等农作物秸秆氨化处理；西欧各国多采用打捆氨化的饲料化处理方式，即在农作物收获后，普遍采用捡拾打捆机，将秸秆捡拾、打捆、注氨、包装一次完成，放在田间地头自然氨化；早在2000年前后，丹麦秸秆氨化率已达到20%；韩国稻麦秸秆80%用作饲料，实现了秸秆收集、喷氨、加菌、压缩、打包各环节机械化作业。

青贮：欧美等发达国家，为了增加饲草来源和提高饲草品质，许多农田不再以种植粮食为目的，而改种饲用玉米。据统计，1988年欧洲青贮玉米面积达到330万hm²，占玉米总种植面积的80%左右；1991年加拿大青贮玉米面积为19.85万hm²；美国每年青贮玉米面积为230万～460万hm²。法国青贮玉米种植面积超过144万hm²，占玉米播种面积80%以上；匈牙利每年生产青贮饲料700万t，其中85%以上是玉米青贮饲料；俄罗斯青贮饲料中有80%是由玉米加工而成的，在粗饲料和多汁饲料组成中，玉米青贮饲料占40%；意大利青贮玉米面积已发展到50万hm²，年产青饲料1500万t，占各种饲料量的18%；荷兰青贮玉米面积达到17.7万hm²，占各类饲料总量的30%以上。

1.2.1.3 肥料化利用概况

秸秆直接还田和秸秆养畜过腹还田是国外秸秆利用的主导方式。大量文献表明，欧美各国除用于青贮饲料生产的玉米外，2/3左右的秸秆用于直接还田，另有1/5左右的秸秆被用作饲料，实现过腹还田。

据美国农业部统计，美国每年生产作物秸秆4.5亿t，秸秆还田量约68%；加拿大年秸秆产量在5350万t左右，其中2/3以上用于直接还田；英国秸秆直接还田量占秸秆总产量的73%左右。日本年秸秆产量约为2150万t，其中稻草产量约为1500万t，其中：约2/3用于直接还田，约1/10作为粗饲料养牛，约7.5%与畜粪混合做成肥料，约4.7%制成畜栏用草垫，约4.1%就地焚烧。

发达国家秸秆还田大多采用机械化作业，在农作物收获的同时，将秸秆切短或粉碎，均匀抛撒在地表，然后通过耕翻或旋耕，将秸秆深翻到土壤中。

秸秆覆盖是国外旱作农业区秸秆还田的重要方式。美国学者提出，适合美国保护性耕作的最佳模式是深松（少耕）加大量秸秆覆盖，秸秆覆盖度达到70%以上才能充分发挥保护性耕作的效益。

1.2.1.4 工业原料化利用概况

资料表明，目前发达国家的秸秆作为工业原料时，主要用于秸秆乙醇、秸秆板材和秸秆建筑方面，有以下几种特征：秸秆乙醇技术尚处于试验研究和试生产阶段；秸秆板材技术已成熟，已有多种产品在市场上进行销售；由于秸秆原料天然、可再生、零污染、高隔热等绿色环保特性，秸秆建筑在发达国家受到青睐，主要用作秸秆砖、填充料和非承重墙等；由于经济和污染原因，秸秆造纸在发达国家几无应用。

秸秆乙醇：目前绝大多数国家的秸秆乙醇技术尚处于试验研究和试生产阶段，只有中国、美国、加拿大、意大利、英国、瑞典、日本、西班牙和巴西等国在产业化进展方面取得了一定进展，建有一些中试示范和商业化运营工厂，但距离大规模商业化生产还有一定距离。美国在将秸秆中纤维素转化为乙醇的研究、生产和应用方面走在了世界前列。2007年美国立法指令要求到2022年每年必须提供160亿gal纤维素乙醇，因此美国能源部针对性的对国内一批企业进行了资助，目前美国已有部分企业实现了纤维素乙醇的产业化生产。

秸秆板材：早在20世纪20年代，国外就开始了秸秆人造板材的研究。1921年美国建成了首家蔗渣纤维板厂；20世纪40年代以后，以蔗渣、稻壳、麻秆、棉秆等为原料的人造板厂曾先后在许多国家有过不同程度的发展；70—80年代，研究人员又对麦秸、稻草、玉米秸秆生产人造板进行了大量研究；进入90年代，随着异氰酸酯逐渐应用到稻草人造板领域，非木质人造板的胶合问题得到了很好的解决，稻草人造板发展到了一定规模的生产；1999年北美至少有6家秸秆刨花板厂在生产，另有12家秸秆刨花板/中纤板厂在2000—2002年投产。目前，世界上秸秆人造板研发水平和生产规模较突出的仍然是美国，而且以麦秸和稻草人造板为主。美国的麦秸人造板已经在期货市场挂牌交易，普通的建材市场也有麦秸刨花板销售。加拿大、比利时、瑞典、德国、俄罗斯等国也在开展秸秆人造板研究，并生产出了多种产品。

秸秆建筑：从建于1886年美国内布拉斯加州的世界上第一座秸秆建筑开始到19世纪40年代，新秸秆技术的应用使秸秆建筑发展进入第一个高潮。仅1915—1930年，在内布拉斯加州就修建了70多座秸秆住宅。建于1938年位于美国亚拉巴马州的伯里特大楼，在墙、顶棚和屋面中共计使用了2200块秸秆砖，是美国最早采用在两层梁柱木结构中填充秸秆砖的建筑，目前已成为一座博物馆。到20世纪70年代末，随绿色环保被重视后，秸秆建筑又受到青睐。截至2001年，英格兰、挪威和法国共有秸秆建筑约有400座，美国大部分地区都建造了秸秆砖建筑。10多年来，世界各国更加注重秸秆作物建筑材料的实用性，将其作为建筑的填充料，或将压制好的秸秆切块作为非承重墙的墙体，形成了框架结构的秸秆建筑。

1.2.1.5 基料化利用概况

食用菌基质：欧美食用菌生产主要以双孢蘑菇为主，以农作物秸秆与畜禽粪便为栽培基质进行工厂化生产，亚洲（日、韩为代表）食用菌生产主要以木腐菌为主，基质多以木屑为主。

育苗与无土栽培基质：世界上普遍应用的育苗与无土栽培基质是草炭和岩棉，但这2种基质成本高且草炭属不可再生自然资源，长期开采会使资源枯竭，而岩棉不可降解，长期应用会造成严重的环境污染。世界各国都在研究替代物，国外将农作物秸秆用于蔬菜种植已有50多年历史，秸秆作为栽培基质在欧洲和加拿大应用普遍。

养殖垫料：1970年，日本建立了第一个以木屑做垫料的生猪养殖系统，近年来，日本和韩国利用当地资源丰富、价格低廉的木屑和谷壳作为生猪养殖垫料，日本将其约4.7%的稻草秸秆用作畜禽养殖垫料。1985年，加拿大BioTech公司推出了一个以秸秆为垫料的畜禽养殖系统。鲜见其他发达国家将农作物秸秆作为畜禽养殖垫料应用的报道。

研究分析表明，虽然欧美等发达国家农作物秸秆资源化利用方式多种多样，但由于欧美等发达国家多重视秸秆覆盖保护性耕作、注重秸秆直接还田+厩肥+化肥的"三合制"施肥结构，以及具备实用的秸秆还田及秸秆还田后机械化播种技术装备，因此其秸秆综合利用多以秸秆还田肥料化利用为主，约2/3的秸秆直接还田肥料化利用，如美国达68%、加拿大60%以上、英国达73%，日本水稻秸秆2/3以上直接还田，韩国稻麦秸秆除用作饲料外，其他全部直接还田。

1.2.2 我国农作物秸秆资源化利用概况

2008年国务院办公厅印发了（国办发〔2008〕105号）《关于加快推进农作物秸秆综合利用的意见》以及2009年国家发展和改革委员会、农业部（现农业农村部）联合印发了（发改环资〔2009〕378号）《关于编制秸秆综合利用规划的指导意见》，提出秸秆利用饲料化、能源化、肥料化、基料化、工业原料化"五化"指导意见。

2015年年底，全国农作物秸秆产生总量10.4亿t。其中河南、黑龙江、山东3个省的秸秆量超过8000万t，河北省秸秆量超过6000万t，安徽、吉林、广西、新疆、湖南、四川、江苏7个省（自治区）的秸秆量在超过4000万t，具体如图1-6所示。

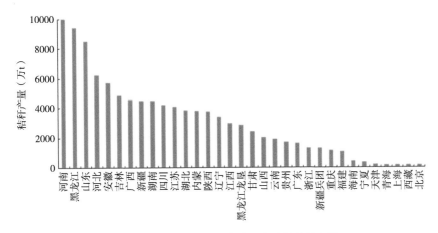

图1-6　2015年我国主要省（区）农作物秸秆量

从秸秆资源种类来看，玉米、水稻、小麦三大类作物秸秆量分别达到4.12亿t、2.34亿t、1.80亿t，占秸秆总量的79.2%；其他类秸秆包括棉花、油菜、花生、豆类、薯类等在内仅占秸秆总量的20%左右，如图1-7所示。

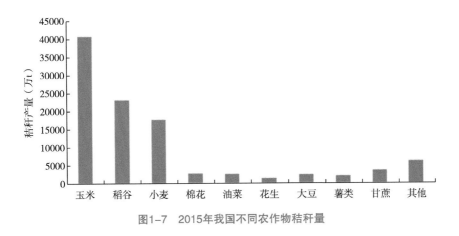

图1-7　2015年我国不同农作物秸秆量

2015年，全国秸秆估算的10.4亿t总量中可收集量为9亿t，秸秆利用量达7.2亿t，秸秆综合利用率达80.1%，其中肥料化利用量3.89亿t，饲料化利用量1.69亿t，燃料化利用量1.03亿t，基料化利用量0.36亿t，原料化利用量0.25亿t，"五化"利用量如图1-8所示。肥料化、饲料化、燃料化、原料化和基料化利用量分别占可收集量的43.2%、18.8%、11.4%、4.0%和2.7%，肥料、饲料占比之和达到62%，形成了肥料化、饲料化利用为主，其他利用为辅的发展格局。

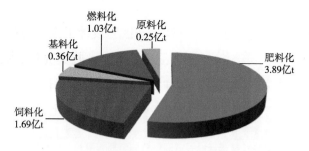

图1-8　2015年我国不同农作物秸秆"五化"利用量

1.2.2.1　燃料化利用概况

秸秆燃料：农作物秸秆一直是我国农村的主要燃料，20世纪80年代以前占农村能源的70%以上，20世纪90年代已下降至30%。目前仍有村民以直接燃烧的方式加以利用，利用率低，其烟雾会造成环境污染。

秸秆成型燃料：我国秸秆成型技术研发开始于20世纪80年代，目前相关设备正向小型化、移动化发展。秸秆成型燃料加工技术主要包括3种：螺旋挤压成型技术、活塞冲压成型技术和辊模挤压技术。螺旋挤压成型技术是目前生产成型燃料常用技术，尤其是以机制炭为最终产品的用户，多选用螺旋挤压成型机。

秸秆气化：我国秸秆气化技术目前还处于实验室开发和小型工业化示范阶段，工业化应用程度、气化技术的成熟性和实用性不够，相当一部分秸秆气化装置处于停产状态。

秸秆沼气：我国秸秆沼气工程实践起步于20世纪60年代。目前我国秸秆沼气主要有2种生产方式：户用秸秆沼气、规模化秸秆沼气。户用秸秆沼气技术已相当成熟，在技术和推广应用上已达到国际领先水平。与发达国家相比，规模化秸秆沼气建设工程规模较小，工程数量较少，在干发酵、沼气发电以及沼气提纯生物天然气等方面正进行研究和试点示范。据统计，2014年我国秸秆沼气集中供气工程458处，投入运行的368处，总供气户数7.76万户。从供气规模来看，目前我国秸秆沼气工程以中型为主，农户集中、秸秆丰富的平原地区以及中央扶持建设的秸秆沼气工程，以大型为主，总体池容在500～1000m³，而丘陵、山区建设的秸秆沼气工程以小型为主。目前我国秸秆沼气工程仍存在原料收集困难、沼气工程规模较小、沼气利用途径单一等问题。

秸秆发电：2014年，我国生物质发电累计并网装机容量超过950万kW，其中农林生物质（农作物秸秆和林业废弃物）直燃发电并网容量约为500万kW（2014年我国全社会用电量约55233亿kW）。目前，我国主推的是秸秆直燃发电技术。我国秸秆直燃发电包括2种方式：纯烧秸秆的直燃发电和煤—秸秆混烧发电。我国秸秆发电目前存在的主要问题有：燃烧设备费用高，与传统火力电厂相比，秸秆等生物质电厂需更高投资，主要是燃烧设备费用高昂；秸秆的收集和储存费用高，购买秸秆、秸秆预加工、运输和储存费用高；燃料系统（秸秆预处理和给料）不可靠，燃料破碎系统能耗高、磨损大，秸秆破碎不均匀易造成给料系统缠绕、堵塞。

1.2.2.2 饲料化利用概况

2015年，我国农作物秸秆的饲料化率约为18.8%。受制于农作物秸秆主要营养成分含量低、单位质量所提供的可利用养分数量少、质地粗硬影响适口性、秸秆收获处理成本高等因素影响，导致了我国秸秆饲料化利用产业化开发的投资回报率低，制约了我国农作物秸秆饲料化利用率的提高。

1.2.2.3 肥料化利用概况

前已述及，肥料化利用包括直接还田和间接还田，我国肥料化利用以直接还田为主，2015年，我国农作物秸秆肥料化利用量约3.89亿t，占秸秆可收集量的43.2%。机械化还田技术是秸秆还田肥料化利用的重要手段。2017年4月，农业部办公厅发布的《农业部办公厅关于推介发布秸秆农用十大模式的通知》中，特别推介了6个秸秆还田肥料化利用模式，简述如下。

（1）东北高寒区玉米秸秆深翻养地模式

技术流程为：玉米秸秆粉碎抛撒→秸秆二次粉碎（<10cm）→深翻（深度>30cm）→耙压和旋耕平地（起垄）→播种。

（2）西北干旱区棉秆深翻还田模式

该模式主要通过集成机械粉碎和深翻还田技术，利用秸秆粉碎还田机，将刚收获完的棉花秸秆粉碎后均匀抛撒于地表，然后进行耕翻掩埋。

（3）黄淮海地区麦秸覆盖玉米秸旋耕还田模式

该模式基于黄淮海地区小麦—玉米轮作种植制度，在小麦收获季节，利用带有秸秆粉碎还田装置的联合收割机将小麦秸秆就地粉碎，均匀抛撒在地表，直接免耕播种玉米；在玉米收获季节，用秸秆粉碎机完成玉米秸秆粉碎，然后采用旋耕机趁秸秆青绿时进行旋耕，完成秸秆还田作业后播种小麦。小麦秸秆覆盖还田技术模式主要作业环节包括：联合收割机收获小麦→秸秆粉碎抛撒还田→喷洒秸秆腐熟剂→免耕播种下茬作物。玉米秸秆旋耕还田技术模式主要作业环节：人工摘穗或玉米收获机收获玉米→秸秆粉碎还田→机械化旋耕→播种下茬作物。

（4）黄土高原区少免耕秸秆覆盖还田模式

该模式是在作物收获后，将农作物秸秆及残茬覆盖地表，土地不进行翻耕，翌年采用免耕播种机进行播种或进行表土层耕作播种，同时定期进行轮耕或深松，以有效培肥地力，防治水土流失。秸秆覆盖少免耕还田主要作业环节包括：作物收获→秸秆粉碎→土壤深松→表土作业→免耕播种→田间管理等。

（5）长江流域稻麦秸秆粉碎旋耕还田模式

该模式是指在长江流域水稻—小麦、水稻—水稻、水稻—油菜等主要轮作区，农作物秸秆通过机械化粉碎和旋耕机作业直接混埋还田，是目前长江流域应用范围最广的一种秸秆直接还田技术。在长江流域种植区，因夏、秋季接茬作物与秸秆还田后水热条件等不同，可将秸秆粉碎旋耕还田模式分为麦（油菜）秸还田与稻秸还田。麦（油菜）秸还田主要作业环节包括：联合收获机收割→秸秆粉碎+均匀抛撒→泡田→底施基肥→旋耕整地→水稻种植。稻秸还田主要作业环节包括：联合收获机收割→秸秆粉碎+均匀抛撒→底施基肥→反转灭茬旋耕整地→小麦播种（油菜移栽）→田间管理。

（6）华南地区秸秆快腐还田模式

该模式是指在华南地区一年三熟的种植制度下，早稻收割后，将秸秆就地粉碎，并保持一定的水层，通过化学腐熟剂、生物腐熟剂的双重作用，实现秸秆在短期内（7～10d）快速腐熟还田，而且腐熟剂成本低。主要作业环节包括：作物收获→秸秆粉碎抛撒→施用腐熟剂→施底肥→旋（翻）耕埋草→作物栽种→田间管理。

1.2.2.4 工业原料化利用概况

2015年，我国农作物秸秆工业原料化利用量约0.25亿t，占秸秆可收集量的2.7%。农作物秸秆纤维含量较高，可广泛用作人造板材、纸浆、建筑等原料。农作物秸秆含有大量的纤维素、半纤维素和木质素，分别可作为制取乙醇、木糖醇、复合材料的原料。

秸秆乙醇：近年来，我国很多研究机构和企业在开发秸秆乙醇方面进行了不懈努力并取得了可喜进展。秸秆乙醇技术大多已处于中试或示范阶段，与国外发展阶段基本一致。目前我国秸秆乙醇原料多为玉米、小麦等秸秆，面临着原料供应难、预处理和酶制剂核心技术缺乏等问题。

秸秆板材：我国于20世纪50年代开始了秸秆人造板材的研究，但早期的研究主要局限于实验室，工业化成功的例子极少。进入90年代以来，由于我国人造板原料供应日趋紧张和政府对焚烧秸秆问题的日益重视等原因，我国对利用麦秸、稻草等农作物秸秆生产人造板的研究开发和推广实践工作进入了一个崭新的时期。1998年以来，通过引进国外技术设备或自主研发，我国分别在河北、山东、湖北、四川、江苏、安徽、黑龙江、陕西等省建立秸秆人造板生产企业。目前，中国在运转的生产线有6条，每年产量30万m³以上，还有多条生产线在建。目前我国秸秆板材生产技术已经成熟，是世界上秸秆板材产量最大的国家。

秸秆复合材料：由于农作物秸秆含有丰富的纤维素、半纤维素和木质素，按照一定生产工艺，将其与橡胶、聚乙烯、聚丙烯等材料结合，即可得到不同性能的复合材料。我国已开展了大量小麦、水稻、玉米、棉花等作物秸秆的复合材料研究，但真正能产业化利用的技术几近空白。

秸秆造纸：从2012年起，我国纸和纸板年生产量和消费量都已超过1亿t，随着国民经济的发展，纸和纸板的需求量还将不断增加。丰富的农作物秸秆是较好的造纸纤维原料。新中国成立后至20世纪80年代，农作物秸秆曾经是我国造纸工业的主要原料，最高曾占造纸用原料的65%以上，但由于当时技术落后，秸秆造纸严重污染环境，我国逐渐关闭了一大批以农作物秸秆为原料的造纸企业。目前每年用于造纸的秸秆只有1200万t，只占全国秸秆可收集资源量的1.3%，占我国造纸原料总量的4.8%。

秸秆木糖醇：2017年，我国木糖醇产量已达6万t，木糖醇总生产能力接近12万t，居世界第一，目前我国生产木糖醇的原料主要是玉米芯、甘蔗渣、碎木屑等。我国早已开展了利用玉米秸秆、棉花秸秆等制备木糖醇的技术与工艺研究，相关技术已基本达到了产业化应用水平。目前，国内已有部分企业开展秸秆木糖醇生产工作。

秸秆建筑：我国秸秆建筑技术是由安泽国际救援协会（ADRA）于1998年引进中国，在黑龙江、辽宁、吉林、内蒙古等地，开展了秸秆砖房建设示范项目。2005年，以汤泉县为代表的中国节能草砖房技术项目荣获世界人居奖，进一步扩大了秸秆建筑在中国的影响力。但是，我国还没有深入开展秸秆建筑结构、防水、防腐等方面系统研究，限制了这种生态建筑的推广应用。

1.2.2.5 基料化利用概况

2015年，我国农作物秸秆基料化利用量约0.36亿t，占秸秆可收集量的4.0%。农作物秸秆在我国被广泛用作食用菌栽培基质、育苗与无土栽培基质和畜禽养殖垫料。

食用菌基质：2017年，我国食用菌总量约3712万t，居世界首位，约占全球的76%，我国利用秸秆栽培食用菌的技术处于国际领先水平。目前我国广泛采用玉米、小麦、水稻等农作物秸秆作为平菇、香菇、草菇、鸡腿菇等食用菌栽培基质的原料。秸秆栽培食用菌产生的菌糠可栽培其他食用菌或用作饲料，食用菌菌渣可腐熟还田，用作农作物基肥。

育苗与无土栽培基质：除了作为食用菌栽培基质以外，秸秆还可以作为育苗育秧和无土栽培的基质。我国开展了大量利用秸秆等有机固体废弃物生产栽培基质的研究，主要包括：利用玉米秸秆等生产水稻育秧基质、利用玉米秸秆等生产黄瓜栽培基质、利用小麦秸秆生产茄子无土栽培基质等。目前我国已将农作物秸秆广泛应用于工厂化育苗基质与无土栽培基质，但仍存在以下问题：秸秆原料供应差异导致基质产品不稳定；高品质秸秆发酵产品缺乏，秸秆发酵技术有待提升；秸秆基质产品性状不佳，基质调控剂技术研究有待深入开展；秸秆基质化生产工艺及设备研发相对滞后。

养殖垫料：我国是生猪、肉鸡、牛、羊等畜禽生产和消费大国。随着规模化养殖的发展，其产生的粪便给环境带来的污染问题日益突出。传统解决方案为：利用一些益生菌，按一定比例与木屑、谷壳混合，经过醇熟形成垫料，并铺于禽舍，畜禽生活在垫床上，其粪尿被垫料中的微生物降解、消化，从而减少对环境的污染。由于木屑、谷壳在全国资源分布不均，故价格较贵。目前，我国开展了利用水稻秸秆、玉米秸秆替代木屑、谷壳等材料作为畜禽养殖垫料的研究，目前相关技术已在生猪、肉鸡、鸭、羊等畜禽养殖上获得应用，在提高畜禽生长性能、减少环境污染、减少畜禽疾病发生、降低养殖成本等方面均有较好效果。

综上，我国农作物秸秆在"五料化"方面均得到了不同程度的利用，但我国农作物秸秆综合利用还普遍存在以下问题。

一是秸秆综合利用技术不成熟：与国外技术相比，我国秸秆综合利用方式单一，主要停留在秸秆还田、秸秆饲料化利用等传统方式上，秸秆沼气、秸秆直燃发电等新型综合利用技术应用较少，大多数新型技术尚处于起步探索阶段。

二是还田离田成本高：一般小麦秸秆粉碎还田作业收费25元/亩（1亩≈667m²，全书同），水稻、玉米秸秆通常要粉碎2遍，还田作业收费50元/亩；秸秆离田成本更高，主要包括秸秆收集打捆设备投入、秸秆收集作业成本、秸秆运输成本等，在没有专项补贴的情况下，农民难以承受。

三是关键环节机械化水平不高：秸秆综合利用涉及多个环节、多种技术装备，但相关关键装备技术水平还不高，如大型秸秆收集机还依赖进口，棉花秸秆收集设备还几近空白，秸秆全量还田后高质顺畅播种设备还严重短缺。

四是扶持政策不完善：现行秸秆综合利用政策主要集中在秸秆禁烧、大气污染治理、农机购置补贴、农机作业补贴、秸秆工业化利用以及能源产品等方面，多是针对某一环节而设立，缺乏系统性。

综上研究分析表明，在农作物秸秆"五料化利用"中，秸秆全量还田肥料化利用不仅在美欧及日韩其占比均在2/3以上，在我国占比也达到近50%且呈增长态势，秸秆全量还田肥料化利用是我国目前最行之有效的秸秆综合利用方式，也是未来秸秆资源化利用的主体方向。

1.3　秸秆全量还田机械化播种技术模式

农作物秸秆含有丰富的有机质、氮磷钾和微量元素，是农业生产重要的有机肥源，秸秆全量还田肥料化利用是当今世界机械化播种主体采用的培肥地力增产措施，秸秆全量还田机械化播种根据秸秆直接还田处理方式的不同分为深翻还田、混埋还田、覆盖还田3种机播技术模式。

1.3.1 全量秸秆深翻还田机械化播种技术模式

该技术模式须先将农作物秸秆就地粉碎抛撒在地表，特点是将碎秸深翻入土，然后旋耕疏松土壤，再进行常规机械化播种。其作业工序为：前茬收获时秸秆粉碎（收获后+秸秆粉碎灭茬）→深翻还田→旋耕→常规机播，通常须由秸秆粉碎还田机、翻转犁、旋耕机、播种机等多台设备、多次下田分别完成秸秆粉碎、犁翻、旋耕、播种作业。如图1-9所示。

收获时秸秆粉碎作业

秸秆粉碎还田单独作业

翻转犁深翻还田作业

旋耕机作业

常规机械化播种作业

图1-9 全量秸秆深翻还田机械化播种作业工序

碎秸深翻还田在农艺上有利于把秸秆的营养物质完全保留在土壤里，增加了土壤有机质含量，培肥了地力，改良了土壤结构；但机械化播种需多台设备、多次下田才能完成，作业成本较高，费工费时，不利于保障农时、提高复种指数。

1.3.2 全量秸秆混埋还田机械化播种技术模式

该技术模式须将农作物秸秆就地粉碎抛撒在地表，特点是通过旋耕的方式直接将碎秸与表层土壤混合，再进行常规机械化播种。其作业工序为：前茬收获时秸秆粉碎（收获后+秸秆粉碎灭茬）→旋耕→常规机播，通常由秸秆粉碎还田机、旋耕机、播种机等多台设备、多次下田分别完成秸秆粉碎、旋耕、播种作业。如图1-10所示。

秸秆粉碎还田作业

旋耕机作业

常规机械化播种作业

图1-10 全量秸秆混埋还田机械化播种作业工序

碎秸混埋还田在农艺上有利于碎秸在土壤中分解腐烂，增加有机质含量，改善土壤结构，促进农作物持续增产；机械化播种虽然较深翻还田模式省去深翻犁作业环节，但碎秸与土壤混埋环节为保障后续播种质量，往往需旋耕整备多次，整个机播作业仍需多台设备、多次下田完成，仍存在作业成本较高、费工费时的问题。

1.3.3 全量秸秆覆盖还田传统免耕播种技术模式

该技术模式通常是将农作物秸秆就地粉碎后，采用免耕播种的方式直接进行下茬作物播种，其特点是碎秸不入土还田，直接全量覆盖在播后地表上。其作业工序为：前茬收获时秸秆粉碎（收获后+秸秆粉碎灭茬）→免耕播种，须由秸秆粉碎还田机、免耕播种机分别完成秸秆粉碎、免耕播种作业。如图1-11所示。

秸秆粉碎还田作业　　　　　　　　　　免耕播种作业

图1-11　全量秸秆覆盖还田传统免耕播种作业工序

碎秸覆盖还田在农艺上保温保墒、封闭杂草，可起到"准地膜"的覆盖效果；并且有效避免了秸秆全量入土还田当茬耗氮问题，肥效化利用好；但机械化播种时，直接在全量秸秆未做任何粉碎处理和耕整地处理的田块里免耕播种，会造成秸秆障碍，存在挂秸壅堵、架种和晾种等技术难题，作业顺畅性和作业质量难以保证，必须在实施免耕播种前对秸秆进行粉碎处理，减少秸秆障碍影响。

综上，对秸秆全量还田机械化播种3种技术模式的研究分析表明：深翻还田和混埋还田机播技术模式均需多台设备、多次下田完成多道工序，作业成本较高、费工费时；而秸秆不收集移出，直接就地覆盖还田免耕播种，必须先完成碎秸处理工序，缺乏适宜的一体化技术装备。因此，无论是抢农时、节约成本、提高复种指数，还是耕地提质保育、秸秆禁烧、保护生态，均迫切需要有一种装备能一次下田即可完成秸秆全量还田高质顺畅机械化播种。

1.4 国内外传统典型免耕播种设备

1.4.1 国外传统典型免耕播种设备

不实行免耕播种的欧洲发达国家，秸秆还田多采用粉碎翻压或混埋还田，相应的播种技术多为常规播种技术。而美国、澳大利亚、加拿大等发达国家秸秆还田多采用直接覆盖还田，相应的机械化播种技术多为免（少）耕播种技术。目前，免耕播种技术发展较快的国家有美国、澳大利亚、加拿大、巴西等，经过多年研发，已经拥有相对成熟的作业机具，如美国的John Deere、Case IH、Great Plains，加拿大的Flexi-coil，意大利的MASCHIO和澳大利亚的John Shearer等公司生产的免耕播种机。

但是，特别值得注意的是，发达国家多为规模化种植和种养业一体化，其大部分秸秆收集移出就地饲料化利用，留田秸秆量少，且美国、加拿大、澳大利亚等国还多为单熟制，种植时前茬秸秆多已腐化，其大型化免耕播种装备仅与其种植规模、种植制度、作业工况相适应。

国外免耕播种机以复式播种机为主，一次完成破茬、开沟、播种、施肥等作业工序，且多为大型牵引式结构，重量大，幅宽大，横梁多，各开沟器之间间距较大，在一年一熟制、秸秆风化腐烂后或秸秆部分移出的情况下使用效果良好。按开沟器形式不同，可分为铲式开沟器免耕播种机和圆盘式开沟器免耕播种机两种。

铲式开沟器免耕播种机多为大型宽幅式播种机，其质量大，作业效率高，适合大田块使用。铲式开沟器免耕播种机一般通过多梁结构加大相邻开沟器之间的间距，增加秸秆和根茬的通过空间，提高机具的作业顺畅性。代表性机具有以下几种。

加拿大Flexi-coil公司生产的5500型免耕播种机，如图1-12所示，整机宽度为21.3m，其采用气力式排种器，镇压轮为多组结构，开沟器为多梁结构，种箱挂在拖拉机后方、播种机前方，种箱重量由自身的轮子支承，无论种子多少，开沟器对土壤的压力是一定的，以保证播种深度。

图1-12　Flexi-coil公司的5500型免耕播种机

美国Case IH公司生产的FLEX HOE 900型免耕播种机，如图1-13所示，工作幅宽有15.2m、18.3m和21.3m三个系列，空机质量12.5～17.3t，每台播种机由3个或5个播种单元组成，播种单元为3排横梁结构，每根梁上有4～6个具有独立仿形功能的铲式开沟器，每个开沟器后方配有一个镇压轮。

图1-13　Case IH公司的FLEX HOE 900型免耕播种机

澳大利亚John Shearer公司生产的Bin Direct Drills免耕播种机为多梁结构，如图1-14所示，每根梁上装有4～6个铲式开沟器，较大的间距保证了良好的通过性能，双弹簧结构给开沟器施加以足够的压力，液压系统和地轮共同控制开沟深度，保证播深一致。

图1-14　John Shearer公司的Bin Direct Drills免耕播种机

　　相较于铲式开沟器免耕播种机，圆盘式开沟器免耕播种机具有更好的通过性，由于靠播种单体的正压力入土，要使开沟器切断秸秆和破茬，达到播深一致，一般播种机均较重。代表性机具有以下几种。

　　美国John Deere公司生产的1590型免耕播种机，如图1-15所示，工作幅宽有3.05m、4.6m和6.1m三个系列，质量3～6t，其采用直径为460mm波纹式单元盘开沟，对土壤扰动小，机架离地间隙大，秸秆通过性好，除了自身质量大以外，还可通过液压系统调节开沟器压力，进一步提高开沟能力和作业顺畅性。

　　美国Case IH生产的2160 Large Front Fold Trailing型系列免耕播种机，如图1-16所示，以36行播种机为例，整机（不含肥箱）质量为16.2t，采用圆盘式开沟器，每个开沟器独立限深，且均可通过气力加压，以满足切断秸秆、破茬和不同播种深度要求。

图1-15　John Deere公司的1590型免耕播种机　图1-16　Case IH公司的2160 Large Front Fold Trailing型免耕播种机

　　美国Great Plains公司生产的3P605NT型免耕播种机，如图1-17所示，质量约1t，作业幅宽1.83m，采用悬挂式结构，前端采用波纹圆盘切秸、破茬、松土，其后采用单体仿形的双圆盘开沟器播种施肥，种肥混施；波纹圆盘需要的压力约为200kg，双圆盘需要的压力为40～80kg，整机重心位置在波纹圆盘上，切茬破土能力较强。

巴西Baldan公司生产的SPD5000玉米秸秆覆盖地小麦播种机，如图1-18所示，整机质量大，采用双圆盘开沟，破茬切土能力强，报道称其能在每亩2t玉米粉碎秸秆下顺利播种，作业性能良好，且性价比高。

图1-17　Great Plains公司的3P605NT型　　图1-18　Baldan公司的SPD5000型小麦播种机
　　　　免耕播种机

上述重点从破解秸秆障碍角度简要介绍了国外先进的免耕播种技术，无论是秸秆覆盖还田免耕播种机还是其他常规播种机，发达国家的播种技术普遍还具有以下特点：气力式精密播种已基本取代了传统的机械式播种；播种机具作业幅宽大、播种速度高；高强塑料、高强合金、精密铸造、激光加工等新材料新技术广泛应用；入土部件降阻减阻、节能降耗技术广受重视。

综上所述，美国、加拿大、澳大利亚等发达国家免耕播种设备多为大重型设备，破解秸秆障碍技术上多采用非动力驱动圆盘，以及入土部件多行错位排列用于加大秸秆流动空间，这些措施适用其特有的种植规模、经营模式（种养业一体化）、种植制度（单熟制、休耕制），以及秸秆移出利用、留田量少且已腐化的作业工况；但在实施全量秸秆覆盖还田免耕播种作业时，易壅堵，种沟不能弥合，秸秆无法切断且被压入土壤中，形成架种、晾种，播种质量差。

1.4.2　国内传统典型免耕播种设备

全量秸秆深翻还田以及混埋还田机械化播种技术模式下，各个环节配套适用的常规机播技术装备较为普遍，在此不做赘述。面对前茬作物收获后，未做任何秸秆收集移出和耕整地处理的田块，包括免耕播种技术在内的全量秸秆覆盖还田机械化播种技术一直是我国当前研发的重点和难点。

我国从20世纪90年代开始，科技工作者围绕传统耕作（焚烧秸秆、铧式犁翻耕、土地裸露休闲地旱作传统耕作方式）导致的水土流失、沙尘肆虐、产量下降等问题，开展了机械化保护性耕作研究，并研发出多种被动式防堵和主动式防堵玉米、小麦免耕播种机。

与小麦种植相比，玉米播种行距大，免耕播种时相邻播种单体间距宽，作业时，秸秆、根茬容易通过相邻开沟器。在国内，玉米免耕播种机主要采用两种方式防堵：一是采用种肥垂直分施的方式，加大秸秆流动空间，如图1-19所示；二是在施肥开沟器前方加装导草辊、拨草轮等辅助秸秆疏导装置，加大机具防堵能力，如图1-20、图1-21所示。针对部分秸秆移出或田间残留秸秆较少的工况，国内也研发出了一些依靠机具自身重量来切秸破茬的小麦、玉米免耕播种机，如图1-22、图1-23所示。但是，以上机型一般难以在高产地使用，特别是玉米秸秆覆盖量大时，秸秆难以切断，根茎坚韧、难以破开，造成架种、机具壅堵等问题。

图1-19　种肥垂直分施玉米免耕播种机

图1-20　加装导草辊的免耕播种机

图1-21　加装拨草轮的免耕播种机

图1-22　小麦免耕播种机　　　　　　图1-23　玉米免耕播种机

　　针对被动式防堵免耕播种机难以满足实际作业需求现状，国内的一些大专院校、科研院所以及部分企业已开始着手主动式防堵免耕播种技术研究。带状旋耕防堵与带状旋耕免耕播种机是一种带状作业思路，如图1-24、图1-25所示。利用动力驱动旋耕刀切断种行上的秸秆、疏松种床和粉碎根茬，保证开沟器顺利通过，而种行之间的大部分地带不粉碎秸秆也不耕作。

图1-24　带状旋耕玉米免耕播种机　　　图1-25　带状浅旋小麦免耕播种机

　　目前，国内研发出的多种免耕播种机具，一定程度上有效缓解了机播技术与装备短缺现状，但研究表明，现有传统免耕播种机还未能真正破解全量秸秆"阻滞、阻隔、阻碍"因素对顺畅性和播种质量造成的障碍，能基本适应秸秆部分移出，仅有根茬或少量秸秆均匀覆盖的作业条件，不能真正实现全量秸秆就地覆盖还田一体化高质顺畅机播。

2 全秸硬茬地机播总体技术思路与关键技术

2.1 全秸硬茬地现已成为我国耕种新常态

2.1.1 我国秸秆焚烧为何严禁不止

我国每年农作物秸秆量约10亿t，约占全球总量的20％，如何实现秸秆经济有效资源化利用而不焚烧污染环境，一直是个尚未得到有效破解的大事、要事和难事。

多年来，为破解这一难题，尽管高校科研院所和企业从技术与装备层面做了大量研发，各级政府亦不断斥巨资从政策层面进行引导扶持与严加管控，但秸秆焚烧问题依然禁而不止，在一些地方还呈现愈演愈烈态势，每到收获季节，全国各地各级政府都在如履薄冰、严阵以待打一场"秸秆禁烧战争"（图2-1）。

图2-1 我国秸秆焚烧严禁不止

农作物秸秆实现资源化利用在当下中国到底难在哪？其资源化利用的出路到底在哪？秸秆焚烧在当下中国为何会比任何国家和以往任何时期都要如此突出？在我国秸秆要实现资源化利用，不仅有其复杂性、艰巨性，而且有其独特性。究其原因，主要有以下几点。

一是我国秸秆量大，耕地仅占全球7%，但因我国多为多熟制，且品种多为高秆品种，因此秸秆产量大，约占全球秸秆20%；二是由于我国多为多熟制小田块分散种植，种植标准化程度低、前茬作物收获模式复杂多样，秸秆收、运、储难度大、成本高；三是尤其2007年"西气东输"全线贯通和近10年农机化快速发展，我国农作物秸秆燃料化和饲料化的传统需求锐减；四是我国尚未形成像发达国家那样的规模化、种养业一体化（尤其是养牛业），探索出真正经济有效适推的秸秆移出资源化利用产业化模式不多，新的需求尚未构建成功。

因此，在我国秸秆收集移出费工费时、效益低下，秸秆就地还田肥料化利用成为最行之有效的资源化利用途径之一，秸秆不收集移出、就地还田成为当下中国广大农民普遍的自觉选择，前茬作物收获后，未做任何秸秆收集移出和耕整地处理的"全秸硬茬地"已成为我国耕种新常态。

2.1.2 全秸硬茬地作业工况复杂多样

全秸硬茬地作业工况复杂多样（图2-2），包括：前茬作物收获时秸秆粉碎抛撒覆盖，多见底部加粉碎装置的玉米联合收获和小麦联合收获碎秸后排［图2-2（a）］；前茬作物收获时秸秆粉碎成条铺放，多见小麦全喂入联合收获和水稻半喂入联合收获碎秸侧排［图2-2（b）］；前茬作物收获时秸秆整秆放倒，多见排草口未加粉碎装置的水稻低留茬半喂入联合收获和玉米摘穗后整秆放倒［图2-2（c）］；前茬作物收获时秸秆整秆直立，多见玉米直立摘穗收获和棉花收获［图2-2（d）］。

在全秸硬茬地工况下，按传统播种方法，通常须由秸秆粉碎还田机、深翻犁、旋耕机、播种机等多台设备多次下田完成秸秆粉碎、犁翻、旋耕、播种作业，费工费时，农民难以接受。

（a）前茬秸秆粉碎抛撒覆盖（玉米、小麦）　　　（b）前茬秸秆粉碎成条铺放（小麦、水稻）

（c）前茬秸秆整秆放倒（水稻、玉米）　　　（d）前茬秸秆整秆直立（玉米、棉花）

图2-2　复杂多样的"全秸硬茬地"作业情况

　　面对复杂多样的"全秸硬茬地"，无论是抢农时、节约成本、提高复种指数，还是耕地提质保育、秸秆禁烧、保护生态，均迫切需要有一种装备能一次下田即可完成后茬作物高质顺畅播种。

2.2　全秸硬茬地机播技术思路

2.2.1　技术难题与传统技术思路

　　在农作物秸秆"五料化利用"中，秸秆还田肥料化利用在欧美国际以及日本、韩国其占比均在2/3以上，秸秆还田肥料化利用也是我国最行之有效的秸秆综合利用方式和未来秸秆资源化利用的主体方向。目前我国已相继研发出了多种秸秆还田技术装备，并以技术装备为载体，探索出了多种秸秆还田作业模式，但依然普遍存在着投入成本高、生产效率低、作业质量差等问题。

　　而现有传统免耕播种装备在全秸硬茬地直接播种时，因秸秆的"阻滞、阻隔、阻碍"障碍，存在挂秸壅堵、架种和晾种三大技术瓶颈难题（图2-3），作业顺畅性和作业质量难以保证。

（a）挂秸壅堵　　　　　　（b）架种　　　　　　　（c）晾种

图2-3　全秸硬茬地机播三大技术瓶颈难题

　　国内传统免耕播种设备消除秸秆障碍技术思路（图2-4）主要有：利用入土部件错行排列或种肥正位垂直分施，加大秸秆流动空间；入土部件前方加装导草辊、拨草轮等辅助秸秆疏导装置；采用波纹圆盘刀加拨草轮强行切断播种带上的秸秆并拨开；苗带旋耕主动式防堵，利用旋耕刀只在种行上切断秸秆、粉碎根茬和苗床整理。采取上述技术思路与方式的传统免耕播种装备能基本适应秸秆移出，仅有根茬或少量秸秆均匀覆盖的作业条件。

（a）入土部件错行排列　　　　　　　　（b）加装辅助秸秆疏导装置

（c）圆盘开沟器加拨草轮　　　　　　　（d）苗带旋耕防堵

图2-4　国内免耕播种消除秸秆障碍技术方式

发达国家多为规模化种植和种养业一体化，其大部分秸秆收集移出就地饲料化利用，留田秸秆量少；且美国、加拿大、澳大利亚等国还多为单熟制，种植时前茬秸秆多已腐化；其免耕播种设备多采用非动力驱动圆盘破秸防堵及入土部件多行错位排列以加大秸秆流动空间，在秸秆移出利用、留田量少且已腐化的作业工况下，播种质量好，性能稳定；但与其种植规模、种植制度、作业工况相适应的大型化免耕播种装备（图2-5）在全秸硬茬地工况下易壅堵，种沟不能弥合，秸秆被压入土壤中，形成架种、晾种，播种质量差，难以满足我国全秸硬茬地播种要求。

（a）美国John Deere

（b）加拿大Flexi coil

（c）澳大利亚John Shearer

图2-5　国外典型免耕播种技术装备

综上所述，国内外现有传统免耕播种装备以适应秸秆移出、仅有根茬或前茬秸秆少量粉碎覆盖的作业条件为主，在全秸硬茬地播种时均存在以下问题：因秸秆阻滞缠绕作业部件，造成挂秸壅堵，作业顺畅性无法保障；因秸秆阻隔使种子无法有效着床和覆土，造成架种和晾种，影响水肥传导，出现缺苗和弱苗；因秸秆过量覆盖而阻碍作物出苗和正常生长。

2.2.2　全秸硬茬地播种总体技术思路

实现全秸硬茬地高质顺畅机械化播种，关键是如何有效消除秸秆的阻滞、阻隔、阻碍三大障碍；要破解中国特色的全秸硬茬地难题，没有现成技术可以借鉴，只能立足自主创新；在技术创新和设备创制中，还必须要突破传统思维，着力重大思路突破。

针对传统免耕播种设备在全秸硬茬地作业时，秸秆阻滞造成的挂秸壅堵和秸秆阻隔造成的架种、晾种难题，全秸硬茬地高质顺畅机播技术突破传统免耕播种仅着力于局部及点上消除秸秆障碍的技术思路，通过发明"碎秸跨越移位"与"碎秸行间集铺"全秸硬茬地机播去秸障技术，彻底破解秸秆阻滞入土部件前行、阻隔种子着床和覆土的难题，形成无秸秆障碍的洁净区域（洁区），实现播种、施肥、覆土作业均在洁区内一并完成，并将粉碎后的秸秆沿种带方向向后跨越移位至播后地表或集中铺放于种行间，创造了全秸硬茬地高质顺畅机播新途径。

2.3 全秸硬茬地机播关键技术

2.3.1 全秸硬茬地机播去秸障关键技术

全秸硬茬地"秸秆粉碎、拾起输送、跨越移位"与"秸秆粉碎、种带清秸、行间集铺"机播去秸障技术，从整体消除秸秆障碍，形成无秸秆障碍区域，彻底破解了秸秆阻滞入土部件前行、阻隔种子着床和覆土的难题，并将碎秸沿种带方向向后跨越移位于播后地表或集中铺放于种行间。

技术原理为：作业时，将田间秸秆粉碎拾起、向上向后跨越播种施肥组件输抛至播后地表，在碎秸跨越移位形成的无秸秆障碍区域内完成破茬播种与施肥（图2-6）；或根据不同作物、不同产区播种需求，在整体粉碎作业幅宽内秸秆的同时，将碎秸按种植农艺需求集中铺放于种行间，在无秸秆障碍的宽幅种行内完成施肥播种（图2-7）。彻底破解传统免耕播种设备在全秸硬茬地作业时存在的挂秸壅堵、架种和晾种难题，创造了机播新途径，较不同机具分别完成秸秆粉碎、犁翻、旋耕、播种的作业方式，减少下田3～4次，抢农时、提高复种指数、大幅降低作业成本。

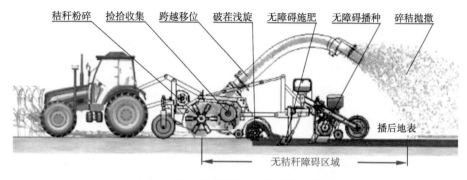

秸秆粉碎　捡拾收集　跨越移位　破茬浅旋　无障碍施肥　无障碍播种　碎秸抛撒

播后地表

无秸秆障碍区域

图2-6　全秸硬茬地"碎秸跨越移位"机播去秸障技术原理

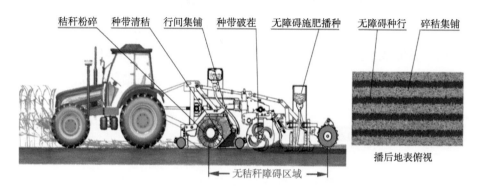

秸秆粉碎　种带清秸　行间集铺　种带破茬　无障碍施肥播种　无障碍种行　碎秸集铺

播后地表俯视

无秸秆障碍区域

图2-7　全秸硬茬地"碎秸行间集铺"机播去秸障技术原理

2.3.2　全秸硬茬地机播碎秸覆还关键技术

该技术包括"碎秸分流调控""碎秸均匀抛撒"与"碎秸导流条覆"3个关键技术点，解决了雨水富足地区秸秆过量不均匀覆盖、冷凉区种带覆秸地温回升缓慢而造成的缺苗弱苗问题，实现碎秸按需均匀覆还于播后地表或规整有序条覆于行间，覆盖均匀率71%以上、秸秆条铺宽度一致性系数大于85%，保温、保墒，出苗率94%以上，产量较常规机播提高5%～10%。

2.3.2.1　碎秸"入土–覆盖"分流调控技术

针对稻麦轮作区水稻秸秆量过大播种小麦时，过量覆盖出现的缺苗弱苗问题，在动静组合碎秸机构与横向输秸搅龙间设电液控制碎秸分流调控装置，在保证作业顺畅和播种质量前提下，通过该装置实现部分碎秸拾起输送抛撒播后地表（覆还）、部分碎秸经破茬浅旋入土还田（混还），碎秸覆还比例在60%～100%可调，实现碎秸覆还与混还量协调可控，有效解决了稻麦轮作区因水稻秸秆量过大全量覆盖引起的缺苗弱苗问题。技术原理示意与应用后作物长势效果如图2-8所示。

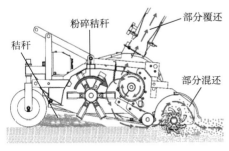

（a）碎秸分流示意　　　　　　　（b）稻茬播小麦出苗长势

图2-8　碎秸"入土—覆盖"分流原理与出苗长势

2.3.2.2　碎秸气力离心组配均匀抛撒技术

该技术在吐秸口配置电（液）驱动的离心式强制打散均匀抛撒装置，依靠气力与高速旋转的抛秸叶轮的耦合作用将排出的碎秸强制打散并均匀抛撒播后地表，播后秸秆覆盖均匀率71%以上，解决了因秸秆抛撒不均匀造成的缺苗弱苗问题。技术作业示意与作业效果如图2-9所示。

图2-9　碎秸均匀抛撒作业与效果

2.3.2.3　碎秸导流条覆技术

该技术在动静组合碎秸机构内设有可横向调节的碎秸导流条覆装置，在整体粉碎作业幅宽内秸秆的同时，利用碎秸喷射与导流条覆装置滑切耦合作用，按种植农艺需求将碎秸有序规整条覆于播种行间，秸秆条铺宽度一致性系数大于85%，种行形成了洁净的区域，洁区洁净度90%以上，既为施肥播种作业有效消除了秸秆障碍，又解决了冷凉区种带播后覆盖秸秆致使地温回升缓慢而造成的弱苗问题。技术作业效果与出苗长势如图2-10所示。

碎秸条覆带

播种带洁区

图2-10　碎秸导流条覆作业效果与出苗长势

2.3.3　全秸硬茬地碎秸输秸防堵滞关键技术

该技术包括"秸秆粉碎拾输过载监控"和"压滑组配防堵滞"2个关键技术点，解决了秸秆拾输过程因地表不平与秸秆集堆出现过载而造成卡滞以及碎秸组件侧边挂带未作业区秸秆壅堵阻滞问题，实现全秸硬茬地秸秆粉碎、拾起输送高效顺畅作业，机具作业有效度99.5%以上。

2.3.3.1　预学习自适应型碎秸拾输过载自动监控技术

针对田间地表不平与秸秆集堆，造成碎秸拾输过程出现过载壅堵卡滞等问题，在碎秸拾输机构轴端设有扭矩传感器，实时输出作业负载扭矩瞬态特征，与数据分析处理单元组成全地况碎秸拾输扭矩自动监测系统（图2-11、图2-12），基于预先自学习不同顺畅作业工况下秸秆粉碎扭矩变化幅值和时域特性，分析判断后续碎秸拾输作业过载情况，适时输出控制指令给执行机构，实现碎秸装置离地间隙、前行速度和动力补给即时调节，有效解决了秸秆拾输过程中因田间地表不平与秸秆集堆出现过载而造成的卡滞问题，实现高效顺畅作业。

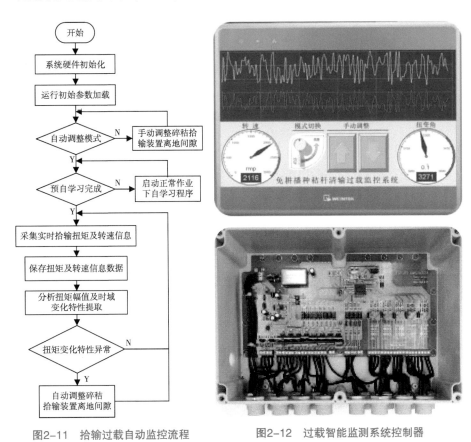

图2-11　拾输过载自动监控流程　　　　图2-12　过载智能监测系统控制器

2.3.3.2　防侧边挂秸堵滞技术

该技术针对碎秸组件侧边出现挂秸壅堵问题，创制压滑组配越秸组件。在碎秸组件有效作业幅宽外侧设置接近角可调的越秸滑橇板，并在越秸滑橇板正前方设有压秸轮，作业时压秸轮压倒前茬作物秸秆，紧跟其后的越秸滑橇板与之配合顺势滑过，使机具顺利越过作业幅宽外秸秆，破解了碎秸组件侧边挂带未作业区秸秆而造成侧边壅堵问题，确保作业顺畅。技术应用前后作业状况对比如图2-13所示。

（a）应用前机具侧边堵滞情况　　　　　　　　（b）应用压滑组配防堵滞效果

图2-13　技术应用前后作业状况对比

2.4　全秸硬茬地播种技术装备整体设计

2.4.1　全秸硬茬地多功能一体化播种系列机型

集成全秸硬茬地机播关键技术，融合农艺技术，以经济有效为双控目标，创制出一次完成"秸秆粉碎、拾起输送、施肥播种、均匀抛撒"作业与"秸秆粉碎、种带清秸、施肥播种、行间集铺"作业的全秸硬茬地多功能一体化播种系列技术装备，如图2-14所示。彻底破解了挂秸壅堵、架种、晾种难题，实现高质顺畅机械化播种，又将碎秸均匀抛撒于播后地表或规整有序条铺于行间，实现保温保墒。

全秸硬茬地多功能一体化播种技术装备秸秆粉碎拾输（条覆）、破茬浅旋和施肥播种三大组件，可根据不同作物播种需求实现快速更换便捷组配。作业时，亦可通过调节作业组件结构和运动参数以满足不同作业需要，其碎秸长度10～15cm可调、输秸能力3.0～5.0kg/s可调、碎秸覆还比例60%～100%可调、碎秸条覆宽度30～44cm可调、种带洁区宽度10～24cm可调。

系列机具作业有效度99.5%以上，架种率和晾种率为0，出苗率94%以上，产量较常规机播提高5%～10%，较不同机具分别完成秸秆粉碎、犁翻、旋耕、播种的作业方式减少下田3～4次，降低作业成本50%以上。

（a）"碎秸均匀抛撒"花生免耕播种机

（b）"碎秸均匀抛撒"玉米免耕播种机

（c）"碎秸均匀抛撒"小麦播种机

（d）"碎秸分流调控"小麦播种机

（e）"碎秸行间条覆"小麦播种机

（f）"碎秸行间条覆"玉米免耕播种机

图2-14 全秸硬茬地多功能一体化播种系列机型

2.4.2 全秸硬茬地碎秸跨越移位播种技术装备典型机型设计

全秸硬茬地碎秸跨越移位播种技术装备一次完成"秸秆粉碎、拾起输送、施肥播种、均匀抛撒"作业，其作业原理为：作业时，将田间秸秆粉碎拾起、向上向后跨越播种施肥组件输抛至播后地表，在碎秸跨越移位形成的无秸秆障碍的洁区内完成破茬播种与施肥，再将碎秸沿种带方向均匀抛撒于播后地表。这里选取麦茬全秸硬茬地花生洁区播种机作为典型机型简述其整体设计。

2.4.2.1　麦茬全秸硬茬地花生洁区播种机结构设计与作业工序

基于碎秸跨越移位"洁区播种"技术思路创制的麦茬全秸硬茬地花生洁区播种机见图2-14（a）；具体结构见图2-15；该机为悬挂式，通过前三点悬挂13与拖拉机挂接，由主动力输入变速箱14实现拖拉机额定转速与机具作业转速的转化，设计有独立的后三点悬挂10，便于挂接更换不同作物播种机。整机由主机架2、关键作业部件和调节部件构成；关键作业部件有：秸秆粉碎装置3、集秸装置5、破茬破土装置7、花生播种机8、秸秆提升装置11、均匀抛撒装置9；调节部件包括限深压秸轮1、越秸滑翘板4、可调支撑地辊6、秸秆分流可调装置12。

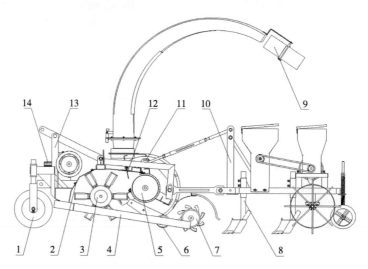

1.限深压秸轮；2.主机架；3.秸秆粉碎装置；4.越秸滑翘板；5.集秸装置；6.可调支撑地辊；
7.破茬破土装置；8.花生播种机；9.均匀抛撒装置；10.后三点悬挂；11.秸秆提升装置；
12.秸秆分流可调装置；13.前三点悬挂；14.主动力输入变速箱

图2-15　麦茬全秸硬茬地花生洁区播种机结构

前行作业前，拖拉机动力输出轴锁定720r/min额定转速，使秸秆粉碎装置3保持2000r/min的作业转速；调节可调支撑地辊6，使破茬破土装置7实现浅旋土下50～100mm，满足花生30～70mm的播种深度要求。

前行作业时，限深压秸轮1滚压作业幅宽外的麦秸秆、越秸滑翘板4与之配合，继续压住秸秆，确保整机顺畅越过麦收后抛撒一地的秸秆。同时，秸秆粉碎装置3粉碎作业幅宽内地面以上的麦秸秆和留茬，并捡拾至集秸装置5，期间，可通过调节秸秆分流可调装置12，实现碎秸秆部分留田、部分收集，满足农艺要求。进入集秸装置的碎秸秆经内部横向输送搅龙推送至秸秆提升装置11，被提升越过花生播种机8。在碎秸秆未落下、地表无秸秆时，破茬破土装置7反转浅旋，完成播种前苗床整理，随后花生播种机8顺畅开沟、施肥、播种、覆土。最后均匀抛撒装置9将碎秸秆均匀覆盖于播种后的地面上，完成麦茬全量秸秆覆盖地花生免耕播种作业。整机主要技术参数见表2-1。

表2-1 麦茬全秸硬茬地花生洁区播种机主要参数

项目	参数值
配套动力/kW	≥75
作业幅宽/（h/mm）	2400
播种行数	3垄6行
播种深度/mm	30～70
生产率/（hm²/h）	0.53～0.67

2.4.2.2 麦茬全秸硬茬地花生洁区播种机关键部件设计

（1）碎秸集秸环节关键部件设计

秸秆粉碎、收集由图2-15中的秸秆粉碎装置3、集秸装置5和秸秆分流可调装置12组配完成。

1）秸秆粉碎装置结构与关键参数设计

秸秆粉碎装置设计采用刀辊结构（图2-16），即甩刀4与刀轴2铰接。刀轴作业时高速旋转且不可避免地会有甩刀打土产生反冲击力，需有较好的强度和韧性；同时刀轴上需焊接刀座3，材料要有良好的焊接特性。因此，刀轴设计采用两端40Cr轴头1与中间Q235碳素钢管焊接的结构，既能减重降耗、强度又有保证，且Q235上焊接刀座，具有较好的焊接性能。甩刀4为非标件，目前市场上种类较多且制作成熟，本机中需对秸秆粉碎并捡拾收集，因此选用65Mn材料的Y型甩刀，其作用面积相对于普通直刀较大，剪切力大，粉碎、捡拾效果较好。

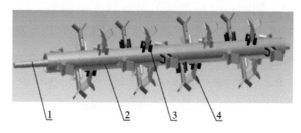

1.轴头；2.刀轴；3.刀座；4.甩刀

图2-16　秸秆粉碎装置结构

本装置中甩刀的排列采用双螺旋交错对称方式，轴向等距离均匀分布，径向相邻甩刀间60°等分，使刀辊在空转时负荷均匀，离心合力最小。甩刀的排列数量少影响粉碎秸秆效果、排列过密则消耗功率大。为满足花生宽窄行播种（宽行520mm、窄行280mm）的种植要求，设计可播6行的作业幅宽为2.4m，取有效粉碎作业幅宽L=1.8m，根据轴向相邻2片Y型甩刀的重叠量，在轴向等距离均匀分布前提下，取排列密度C=15片/m，实际装配刀片数量N为26片。

为充分粉碎捡拾地面秸秆，刀轴设计为反转（旋转方向与前进方向相反），作业时，机具前进速度和刀轴的回转速度合成了甩刀的绝对速度，甩刀的运动轨迹为余摆线，见图2-17。

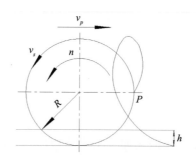

P点为甩刀顶端；n为刀轴转速；v_s为甩刀最大回转直径线速度；
v_p为机具前行速度；R为甩刀最大回转半径；h为地面留茬平均高度

图2-17　甩刀运动轨迹

刀轴转速是关键运动参数，转速太小则秸秆粉碎不充分，不利于后续收集、提升、覆盖；转速过大会增加功耗，可通过式（2-1）确定刀轴转速的合理范围：

$$n \geqslant \frac{30(v_s - v_p)}{\pi(R - h)} \qquad (2-1)$$

式中：n——刀轴转速，r/min；

　　　v_s——甩刀最大回转直径线速度，m/s；

　　　v_p——机具前行速度，m/s；

　　　R——甩刀最大回转半径，m；

　　　h——地面留茬平均高度，m。

稳定工作状态下，机具前进速度取v_p=0.7m/s；目前机收小麦留茬较高，取田间实测平均留茬高度h=0.15m；根据整机结构设计要求及Y型甩刀选配尺寸，设计选取甩刀最大回转半径R=0.27m；参考借鉴传统秸秆粉碎还田机刀轴转速1800～2000r/min，且为同时满足夏播花生前茬小麦秸秆，秋播小麦前茬水稻、玉米、棉花秸秆的粉碎要求，不影响后续免耕播种作业质量及秸秆均匀覆盖质量，根据田间试验测试状况选取甩刀最大回转直径线速度v_s=25m/s，刀辊的转速n=1934r/min时，秸秆粉碎装置对麦秸秆的粉碎处理完全满足参照标准JB/T 6678—2001《秸秆粉碎还田机》中粉碎合格长度不大于150mm、合格率不小于85%的要求。

2）集秸装置结构与关键参数设计

为实现施肥播种在地表无秸秆的洁区，设计了集秸装置（图2-18），采用搅龙收集推送的结构，粉碎后的秸秆进入收集壳体2内，通过横向输送搅龙1推送集中至提升装置的叶轮3，以便碎秸秆的后续提升抛撒。为有效筛除进入的部分土，防止堵塞，收集壳体2上设计排列了直径为20mm的通孔。

横向输送搅龙1的推送量须大于秸秆喂入量，这是保证作业顺畅性的前提，根据试验田小麦生长特性实测：留茬高度50mm下，草谷比均值1.5，草谷总重均值1.89kg/m²，秸秆量均值为1.14kg/m²。本机有效作业幅宽为1.8m，正常作业速度为0.7m/s，秸秆喂入量约为1.44kg/s。横向输送搅龙的推送量、结构参数和运动参数可由式（2-2）计算得出：

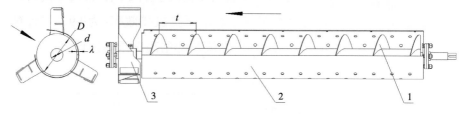

1. 横向输送搅龙；2. 收集壳体；3. 叶轮
D为搅龙叶片外直径；d为搅龙轴径；t为叶片螺距；λ为搅龙叶片与外壳间隙；→为碎秸秆运动方向

图2-18　集秸装置结构

$$Q = \frac{\pi}{24}[(D-2\lambda)^2 - d^2]\psi t n_j \gamma C \times 10^{-10} \qquad （2-2）$$

式中：Q——推运量，kg/s；

　　　D——搅龙叶片外直径，mm；

　　　d——搅龙轴径，mm；

　　　t——叶片螺距，mm；

　　　λ——搅龙叶片与外壳间隙，mm；

　　　n_j——搅龙转速，r/min；

　　　ψ——充满系数；

　　　γ——输送物单位容积质量，kg/m³；

　　　C——搅龙倾斜输送系数。

　　根据GB 10393—1989《农业机械输送螺旋》及实际设计需求，选取轴径d为89mm，叶片外直径D为270mm，叶片螺距t为200mm系列的输送搅龙；搅龙叶片与外壳间隙λ设计值为10mm；充满系数ψ取0.3，秸秆的单位容积质量结合实测与文献，γ取37kg/m³，横向输送搅龙倾斜输送系数C取水平状态下（0°）数值1，计算当搅龙转速n_j为2000r/min时，横向输送搅龙的推送量可达到约3.2kg/s，完全满足推送秸秆量要求。

　　3）秸秆分流可调装置设计

　　实际跟踪测产，麦茬秸秆全量收集后覆盖于花生播种后的地面，起到准地膜覆盖保温保墒、封闭杂草的效果，且有效克服了全量秸秆还田当茬耗氮问题。目前，花生播种的前茬作物秸秆部分还田还是全量覆盖、还田与覆盖的比例为多少更有利生长，农学上还无研究定论。但本机设计了秸秆分流可调装置12（图2-15），原理为在集秸装置的入口安装挡板，通过上下移动挡板调节入口大小，挡板可阻拦部分秸秆进入横向输送搅龙，实现秸秆部分粉碎还田、部分被收集用于播种后覆盖，以满足区域实际农艺需求。

（2）清秸覆秸环节关键部件设计研究

秸秆的抛送与均匀覆盖由图2-15中的均匀抛撒装置9和秸秆提升装置11组配实现。

1）秸秆提升装置结构与关键参数设计

为给后续顺畅施肥播种提供时间空档，采用叶片式提升抛送结构来提升收集的碎秸秆，使收集的碎秸秆越过播种设备并均匀覆盖与地表，该装置结构见图2-19，主要由抛送叶轮1、抛送壳体2、输送管3组成。

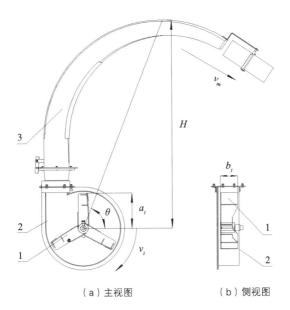

（a）主视图　　　（b）侧视图

1. 抛送叶轮；2. 抛送壳体；3. 输送管

a_t 为叶轮半径；b_t 为叶轮宽度；v_t 为抛送叶轮线速度；v_m 为输送管出口末速度；θ 为输送管水平夹角；H 为输送管垂直提升高度

图2-19　秸秆提升装置结构

为保证秸秆输送过程的顺畅性，同时考虑实际田间作业时机具不可避免收集进土易造成堵塞，秸秆提升装置的抛送能力须大于前面集秸装置的秸秆输送量，抛送能力可由式（2-3）计算得出：

$$Q_t = 30n_t m \gamma \eta a_t^2 b_t \tan \varphi \qquad （2-3）$$

式中：Q_t——抛送能力，kg/h；

n_t——抛送叶轮转速，r/min；

m——叶轮数，个；

γ——输送物单位容积质量，取37kg/m³；

η——效率系数，取0.3；

a_t——叶轮半径，m；

b_t——叶轮宽度，m；

φ——输送物自然休止角，麦秸秆取22°。

结合传动配置设计，抛送叶轮与集秸装置的横向输送搅龙同轴装配，所以转速n_t约为2000r/min，并选取叶轮数m为3片的径向叶片圆周均匀分布方式。在功耗满足、转速一定的条件下，理论上叶轮直径越大、线速度越高，对秸秆的抛送能力越强，结合机具作业时抛送壳体须有一定离地间隙的要求，选用外壳内径为0.63m，叶轮半径a_t为0.3m，与壳体保持15mm左右的间隙，叶片宽度b_t定为0.145m。计算及田间试验测试秸秆提升装置抛送能力达到2.9kg/s以上，可满足麦秸秆提升抛送要求。

作业时，为使秸秆越过花生播种机后覆盖播种地面，输送管出口处末速度、输送管的提升高度和水平夹角需设计合理参数。根据能量守恒定律，由式（2-4）可为确定参数提供计算依据：

$$v_t = (1 + \mu_2) \cos\theta \sqrt{2gH(1 + \mu_1) + v_m^2} \qquad （2-4）$$

式中：v_t——抛送叶轮线速度，m/s；

v_m——输送管出口末速度，m/s；

μ_1——输送物在输送过程中能量损失系数；

θ——输送管水平夹角，°；

H——输送管垂直提升高度，m；

μ_2——抛送叶轮线速度转化为物料初速度之差异损失系数；

g——重力加速度，m/s²。

根据抛送叶轮转速和半径，可确定线速度v_t，因后挂花生播种机长度和高度配置，输送管水平夹角θ调整为66°，需垂直提升高度H为1.8m左右，可取得输送管出口秸秆末速度v_m约为9m/s。

样机田间试验表明，结合理论计算值及实际结构组配设计的秸秆提升装置抛送能力和越过播种机输送效果均能满足要求，同时秸秆能快速从出口处抛散至地面，受自然风影响较小。但叶片式提升方式物料被抛送过程复杂，为气流和抛扔两者同时作用，功率消耗大，后续需进一步优化结构和运动参数、降低功耗。

2）均匀抛撒装置结构设计

碎秸秆提升后需抛撒于播种作业完成后的地面，作业幅宽内秸秆覆盖是否均匀非常重要，若花生种带上出现秸秆堆积现象，非但不利保温保墒、封闭杂草，还可能闷苗，影响后期出苗。均匀抛撒装置可保证秸秆抛散均匀性，该装置结构见图2-20。抛撒叶轮4为空心套管结构，安装在回转轴3上，回转轴3通过连接支撑板2固定在秸秆提升装置输送管1出口处端部。作业时，抛撒叶轮在输送管送出秸秆的风力作用下高速旋转，将粉碎后的秸秆打散后抛撒，实现均匀覆盖在播后地表。

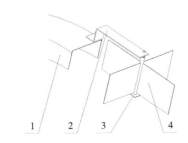

1.输送管；2.连接支撑板；3.回转轴；4.抛撒叶轮

图2-20　均匀抛撒装置结构

该装置设计采用了非动力被动旋转原理，能满足花生播种后麦茬秸秆均匀抛撒覆盖的要求。本机为多功能作业机具，更换小麦播种机后，也可实现水稻茬、玉米茬、棉花茬全量秸秆覆盖地播种小麦，由于这几种前茬作物的秸秆量各不相同，因此，研发了多种结构形式与参数的抛秸叶片（图2-21），并对不同结构型式（叶片数量）、结构参数（叶片倾角）、运动参数（叶片转速）的秸秆抛撒装置与覆秸均匀相关性开展分析研究，其主要因素与覆秸均匀相关性响应曲面分析见图2-22。

（a）四排杆齿　　　（b）四叶片直板割齿　　　（c）四叶片前倾15°　　　（d）四叶片轴向旋转15°

图2-21　均匀抛撒装置不同形式与参数叶片

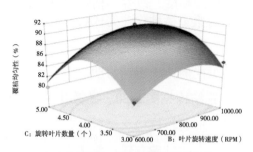

（a）叶片数量、转速与覆秸均匀性关系

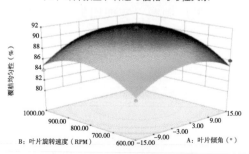

（b）叶片转速、倾角与覆秸均匀性关系

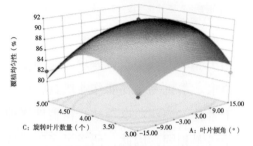

（c）叶片数量、倾角与覆秸均匀性关系

图2-22　主要因素与覆秸均匀相关性响应曲面分析

优化分析结果为影响覆秸均匀性的最佳参数组合是叶片数量为4片、叶片倾角为0°、叶片转速约为800r/min，在此条件下，均匀抛撒装置的覆秸平均均匀性为91.3%，可适应前茬小麦、玉米、棉花、水稻不同秸秆量下均匀抛撒覆盖。

（3）苗床整理环节关键部件设计

小麦收获后，若直接进行花生免耕播种作业，由于未进行旋耕整地，地表土壤较为板结、回流性差，播后的种子难以保证覆盖严实，易出现晾种现象；且由于收获机具碾压等原因，造成收获后田块不平，而花生播种为宽窄行（窄行距约280mm）单穴双粒模式，机具为整体机架结构，很难采用玉米播种（行距约为600mm）普遍使用的独立仿形限深播种，所以受土地平整度影响大，在2.4m的横向作业幅宽内易出现播深不一致现象。基于上述原因，必须设计破茬破土装置实现苗床整理，保证后续播种质量。

图2-23为破茬破土装置结构简图。装置与整机为组配式，借鉴反转灭茬原理，同时以满足播种条件下减少功耗为目标，采用反向浅旋的方式破茬破土。

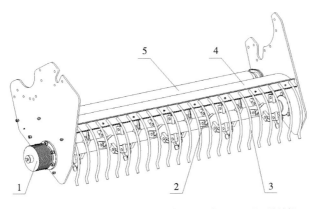

1.刀轴；2.旋耕刀片；3.圆弧条栅盖；4.罩壳；5.可调支撑地辊

图2-23　破茬破土装置结构

刀轴1选用多楔带与前面秸秆粉碎装置传动相连，既能避免链传动不适应高转速的情况，又较传统三角带传递动力更可靠。借鉴传统旋耕机以螺旋方式排布固定旋耕刀片2，在旋耕刀片的上方覆盖呈半圆形的罩壳4，罩壳后半部分为若干圆弧条构成的栅盖3。为了调节浅旋作业的深度，在破茬破土装置前端设置可调支撑地辊5，起到限深和镇压双重作用。

因秸秆提升装置抛送距离有限，需尽量压缩整机长度，因此在设计配置破茬破土装置时，要求浅旋回转直径尽可能小。由于旋耕深度越大功率消耗越大，为减少无谓消耗，综合考虑设计浅旋回转直径为300mm，使破茬破土装置实现浅旋土下50~100mm，即可满足花生播种要求及减阻降耗的双重要求。在直径减小的前提下为了保证浅旋效果，需尽可能提高旋耕刀旋转速度，结合前一级2000r/min的转速考虑传动比，设计浅旋转速最大可达到600r/min，实际田间试验测试破茬破土效果较好，为后续播种提供了较好的苗床整理。

（4）施肥播种环节关键部件设计

主产区麦收后夏直播花生目前主要工序依次为灭茬机碎秸灭茬、翻转犁或旋耕机深翻旋耕、旋播机施肥播种。由于播种前麦秸秆被混合和覆盖，所以播种机的关键部件开沟器普遍采用双圆盘式，利用其圆盘周边有刃口，滚动时可以切割土块、草根和残茬，但此种开沟器结构较复杂，尤其圆盘之间在土壤湿度较大条件下易壅土，易堵塞中部的导种筒，影响作业顺畅性和机具可靠性。本机播种前已完成秸秆粉碎收集提升和苗床整理，播种前已形成洁区，机播条件优良，所以可重新设计实用的花生播种机进行配套。

图2-24为花生播种机结构简图。机具采取地轮5取功的方式，通过螺旋调节杆1、后三点悬挂2和免耕播种整机前部相连，螺旋调节杆可调整播种机作业姿态。花生为双粒精量播种，排种器较成熟，直接选用普遍采用的内侧充种式排种器。创新采用芯铧式开沟器4作为施肥和播种的开沟器，该种开沟器入土性能好、结构简单。经过苗床整理，播种后土壤自回流性较好，因此采用镇压轮式覆土器6，达到种沟覆土并适当镇压的效果。

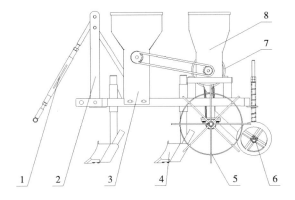

1.螺旋调节杆；2.后三点悬挂；3.肥箱；4.芯铧式开沟器；5.地轮；
6.镇压轮式覆土器；7.排种器；8.种箱

图2-24　花生播种机结构

芯铧式开沟器是铁茬播种中常用的播种部件，其主要有芯铧1、翼板2、输种管3和铧柄4组成［图2-25（a）］，但在作业前播种机下放落地后及作业中，此种开沟器存在土壤堵塞输种管3下方的问题，尤其是土壤湿度较大时越易造成，影响了播种和施肥质量。因此本机中发明改进了防堵土芯铧式开沟器［图2-25（b）］，设计封土板6封闭翼板2下端，阻挡黏土进入，同时在输种管3下端斜向配置导种板5，将种子顺利导向土壤。

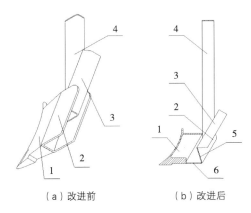

（a）改进前　　　　　　（b）改进后

1.芯铧；2.翼板；3.输种管；4.铧柄；5.导种板；6.封土板

图2-25　芯铧式开沟器改进结构

2.4.3 全秸硬茬地碎秸行间条覆播种技术装备典型机型设计

全秸硬茬地碎秸行间条覆播种技术装备一次完成"秸秆粉碎、种带清秸、施肥播种、行间集铺"作业，其作业工序为：作业时，在整体粉碎作业幅宽内秸秆的同时，将碎秸按种植农艺需求集中铺放于种行间，在无秸秆障碍的宽幅种行内完成施肥播种。这里选取全秸硬茬地碎秸行间条覆小麦播种机作为典型机型简述其整体设计。

2.4.3.1 全秸硬茬地碎秸行间条覆小麦播种机结构设计与作业工序

基于全秸硬茬地"碎秸行间条覆"技术思路创制的小麦播种机见图2-14（e）；整体结构如图2-26所示，主要由机架、悬挂装置、秸秆粉碎装置（护秸帘、粉碎动刀、定刀、型腔）、碎秸导流装置（种带分型装置）、传动系统等部件组成；主要技术参数如表2-2所示。

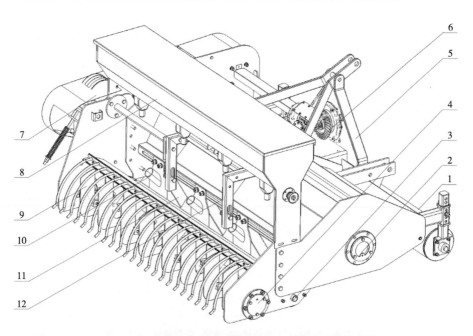

1.前压秸辊；2.粉碎刀轴；3.后压秸辊；4.旋耕刀轴；5.三点悬挂系统；6.变速机构；7.传动系统；
8.施肥播种装置；9.阻隔板；10.落肥管；11.碎秸导流装置；12.机架

图2-26　全秸硬茬地碎秸行间条覆小麦播种机结构

表2-2 主要技术参数

参数	数值
外形尺寸（长×宽×高）/（mm×mm×mm）	2400×1500×1200
配套动力/kW	≥65
工作幅宽/cm	240
刀轴转速/（r/min）	1600~2400
条铺行数	5
覆秸宽度/mm	320
种带行数	4
种带宽度/mm	240
作业速度/（m/s）	0.8~1.6
整机质量/kg	1600

机具为后三点悬挂式牵引，拖拉机PTO输出经由减速机构为整机提供驱动力，通过齿轮传动与二级楔带传动分别连接秸秆粉碎刀轴和带状旋耕刀轴。机具前进作业时，前压秸辊先对工作幅宽内前茬水稻机收后的地表全量覆盖的秸秆进行镇压，便于后续秸秆捡拾、喂入，并兼具一定的仿形功能；螺旋甩刀组在经过变速传动机构增速变向后反向旋转，借助高速气流将进入护秸帘的秸秆捡拾、配合型腔内壁的定刀粉碎秸秆；型腔内粉碎后向后喷射的秸秆在导流装置导流板的调控下自行向两侧分开并滑落地表，形成无秸秆障碍的播种带和相邻导流装置间的覆秸区；后压秸辊对行间覆秸区的碎秸进行镇压，减小后续带状旋耕以及种床整理的干扰，创造高质顺畅的施肥播种条件。

2.4.3.2 全秸硬茬地碎秸行间条覆小麦播种机关键部件设计与参数确定

（1）秸秆捡拾粉碎装置设计

捡拾粉碎装置主要由护秸帘、粉碎刀轴、螺旋刀组（动刀）、定刀组、型腔等部分组成，将前茬水稻机收后全量秸秆覆盖地工作幅宽内秸秆进行喂入捡拾与二次粉碎处理，其结构如图2-27所示。

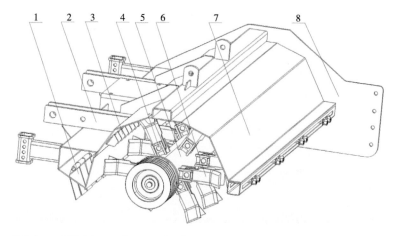

1.护秸帘；2.悬挂支架；3.定刀；4.动刀座；5.粉碎刀轴；6.甩刀组；7.型腔罩壳；8.侧板

图2-27　捡拾粉碎装置结构

1）粉碎刀具选型与参数设计

常用的秸秆粉碎灭茬刀具类型主要分为锤爪型、直刀型和L型及其改进型（甩刀型）3种，根据各自的作业特点，结合秸秆粉碎装置结构，选用切碎性能较好的直型刀组配捡拾能力佳的L型刀片（图2-28），设计尺寸长×宽×厚为170mm×60mm×5mm，刃口角为30°，折弯角为135°，材料为65Mn钢，以改善其强度、硬度和一定的弹性，并采用动刀切割、定刀支撑滑切粉碎方式，以提高秸秆粉碎质量、降低作业功耗。

（a）直型刀具　　（b）L型刀具　　　（c）组配刀具

图2-28　甩刀组结构

组配的秸秆粉碎刀具有类似于Y型甩刀的几何对称性，能够更好地克服刀组不平衡量、降低机体振动，在相同转速下增加转动惯量、改善切碎效果。而定刀滑切角作为影响刀组切碎特性和防堵效果主要结构参数之一，需要通过设计分析确定合理有效的取值。图2-29所示为秸秆P在动、定刀支撑滑切粉碎过程中的受力分析，图中MM'为刀刃线、NN'为刀刃法线、GG'为秸秆P的运动轨迹线、SS'为轨迹切线，粉碎瞬间秸秆P所受的切割力F为定刀刃口摩擦力F_f和法向支撑反力F_N的合力，法向支撑反力F_N与切割力F之间的夹角为摩擦角γ，轨迹切线SS'与刀刃法线NN'之间的夹角为滑切角δ。

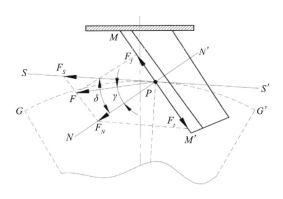

图2-29 秸秆粉碎受力分析

为了促使秸秆P沿刀刃线产生有利于秸秆粉碎的滑切运动，防止缠绕，切割力F分解在刀刃线MM'上的分力F_t必须大于刃口摩擦力F_f（滑切与分解在轨迹切线SS'上的分力F_s无关），$F_t > F_f$，即存在滑切作用。根据图2-29中的分析，则有：

$$\begin{cases} F_t > F_f \\ F_t = F_N \tan \delta \Rightarrow \delta > \gamma \\ F_f = F_N \tan \gamma \end{cases} \qquad （2-5）$$

由式（2-5）可知，秸秆切割粉碎过程产生滑切作用的必要条件为$\delta > \gamma$。通常一般农作物秸秆与刀具的摩擦角γ范围在20°~35°，结合滑切原理，这里设计的滑切角$\delta = 45°$。

2）粉碎刀轴设计与刀具排列

粉碎刀轴作为秸秆粉碎装置的核心部件之一，刀轴回转半径直接关系到动刀刀尖线速度，而刀尖线速度是影响秸秆粉碎效果的关键因素，为达到理想的秸秆粉碎效果，动定刀支撑粉碎时刀尖线速度应大于等于30m/s。刀轴转速一定，回转半径越大，刀尖线速度越大，但刀轴转动不平衡量也随之增大、易振动，参考现有同类秸秆粉碎还田机刀辊参数设计，要求刀轴回转半径240mm≤r_f≤350mm。为了降低甩刀对后续种床的扰动、减小额外的动力消耗和不平衡因素，这里选取动刀回转半径r_f=250mm，结合设计的甩刀结构参数，确定刀轴直径为150mm，由厚度5mm的无缝钢管制成，以轻量化整机质量。

刀尖线速度不仅与刀轴回转半径有关，更取决于刀轴转速。作为秸秆粉碎装置的主要设计参数之一，刀轴转速小，无法达到预期的粉碎效果；转速大，功耗变大、平稳性变差。因此，需要在满足秸秆粉碎效果的前提下，尽量减小刀轴转速，以保证整机的动量平衡。通常，刀轴转速范围可通过经验式（2-6）计算确定：

$$n \geqslant \frac{30\left(v_g - v\right)}{\pi\left(r_f - h_t\right)} \qquad (2-6)$$

式中：n——粉碎刀轴转速，r/min；

  v_g——动刀刀尖线速度，m/s；

  v——机具作业速度，m/s；

  h_t——甩刀回转刀尖离地高度，m。

正常作业状态下，一般机具前进速度v=0.8m/s；刀尖线速度选取满足粉碎效果极限值v_g=30m/s；根据机具限深装置作用，确定甩刀回转刀尖离地高度h_t=11cm；结合刀轴回转半径r_f，代入式（2-6）推算出刀轴转速n≥1992.72r/min，则取n=2000r/min。

合理的动刀数量和排列方式有助于改善秸秆粉碎效果、减少工作阻力与功耗、降低作业振动、避免秸秆缠绕壅堵等。根据农业机械设计手册，参考类似Y型甩刀及L型改进刀具，其安装密度为0.13～0.4个/cm，作业幅宽内合理安装个数一般为28～48个，理论计算式为（2-7）：

$$N = BC \qquad\qquad (2-7)$$

式中：N——动刀组数量，个；

B——整机单行作业幅宽，cm；

C——刀具安装密度，个/cm。

选取刀具安装密度C=0.15个/cm，结合机具实际作业幅宽B=2.4m，代入式（2-7）可以计算得到动刀组数量N=36。

采用常见的双螺旋交错对称方式排列动刀，按照轴向等距、周向等角均布（同一螺旋线上相邻刀组轴向间距140mm、周向间隔72°，保证适量重叠），以提高刀轴动平衡性能，还具有防漏、避堵、减振的优点，其安装排列方式分布展开如图2-30所示。刀组通过销轴链接在刀座上，与刀座间留有1mm间隙、各刀片之间以套筒相隔，在保证刀组能够保证自由转动的同时，减小轴向晃动、互相之间不存在干涉现象，且刀座焊接于刀辊上。定刀周向以150mm间距阵列、双排错列布置，直接焊接在型腔顶部内壁，同时刀组与定刀周向上重叠一定量，形成瞬时支撑切割，以避免秸秆漏检，提高粉碎质量。

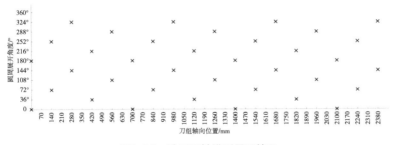

图2-30　动刀刀轴排列展开情况

3）甩刀粉碎作业运动与受力分析

为更好地发挥秸秆粉碎装置的捡拾性能，设计刀轴为反向旋转（逆切式，即与拖拉机前进旋向相反）。作业过程中，秸秆粉碎刀组在竖直平面内运动速度为刀轴绕其轴心反向旋转速度与装备整机前进速度的复合运动，以刀轴回转中心为原点O，以整机作业前进方向为x轴正方向、以垂直地面向上为y轴正方向，建立如图2-31所示的平面直角坐标系，则t时间内甩刀刀尖点任意位置C（x，y）的运动轨迹方程为式（2-8）：

$$\begin{cases} x = vt + r_f \cos(\omega t) \\ y = r_f \sin(\omega t) \end{cases} \qquad (2-8)$$

式中：ω——粉碎刀轴旋转角速度，rad/s。

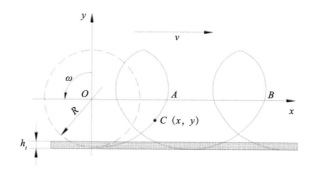

图2-31　粉碎动刀运动轨迹

图2-31中，A点为粉碎刀轴回转时某个刀组第1次切割点，B点为该刀组回转第2次切割点，两点之间的距离S决定秸秆粉碎长度，而进距S与刀轴回转时间t内的整机前进距离有关。为保证刀尖绝对运动轨迹为余摆线以提高秸秆粉碎效果，定义粉碎速比λ为甩刀刀尖回转线速度与整机前进速度之比，应使$\lambda \geqslant 1$，如式（2-9）所示，存在部分重叠切割，以避免发生推搓秸秆堵塞现象，有利于整机秸秆粉碎过程。

$$\begin{cases} S = vt = \dfrac{2\pi v}{z\omega} = \dfrac{60v}{zn} \\ \lambda = \dfrac{v_g}{v} = \dfrac{r_f \omega}{v} \end{cases} \qquad (2-9)$$

式中：S——秸秆粉碎节距，cm（对应于秸秆有效粉碎长度，一般规定小于10cm为合格）；

　　　z——单位时间内切割次数（本文设计的双螺旋线排列刀组单一回转面甩刀数为2）。

由于甩刀与刀轴采用销轴铰接，作业过程中，动刀在刀轴高速旋转的离心力作用下呈径向状态，同时受到秸秆切割阻力F的作用消耗部分动能，形成一偏转角度θ，以刀轴回转中心O为原点建立如图2-32所示直角坐标系，对动刀作业过程进行受力分析。

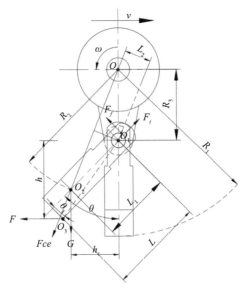

图2-32 甩刀受力分析

以旋转甩刀为研究对象，动刀主要受到离心惯性力F_{ce}，自身重力G，切割阻力F，销轴孔壁摩擦力F_f以及正压力F_t，相对于销轴中心O_1产生力矩的作用力臂分别为L_2、h_1、h、r，销轴孔壁对动刀的正压力F_t穿过销轴中心O_1，故作用力臂为零。根据理论力学相关知识，甩刀切割过程中，相对于销轴稳定静止时，所受合力矩为零，如式（2-10）：

$$\sum M = 0 \qquad (2-10)$$

根据图2-32甩刀切割过程受力分析可以得出各力矩，如式（2-11）：

$$\begin{cases} M_1 = Fh \\ M_2 = Gh_1 = mgh_1 \\ M_3 = F_{ce}L_2 = m\omega^2 R_2 L_2 \\ M_4 = F_f r = fF_t r \end{cases} \qquad (2-11)$$

式中：M_1——甩刀相对销轴中心切割阻力矩，N·m；

　　　M_2——甩刀重力矩，N·m；

　　　M_3——甩刀离心力矩，N·m；

　　　M_4——销轴对甩刀的摩擦力矩，N·m；

m——甩刀质量，kg；

g——重力加速度，m/s²；

ω——刀轴旋转角速度，rad/s；

f——销轴内壁与甩刀的滑动摩擦因数，根据材料属性选取0.12；

r——销轴半径，m。

根据图2-32中几何关系可以看出，如式（2-12）所示：

$$\begin{cases} h = L\cos(\theta - \theta_1) \\ h_1 = L_1\sin\theta \\ R_2/h_1 = R_3/L_2 \end{cases} \quad （2\text{-}12）$$

式中：L——甩刀长度，m；

L_1——销轴中心O_1到甩刀质心O_2的距离，m；

R_3——销轴回转半径（刀轴回转中心O到销轴中心O_1的距离），m；

θ_1——销轴中心O_1与甩刀质心O_2及切割阻力作用点O_3连线的夹角，°。

将式（2-11）、式（2-12）代入（2-10）得合力矩方程为（2-13）：

$$FL\cos(\theta - \theta_1) = mL_1\sin\theta(g + \omega^2 R_3) + fF_r r \quad （2\text{-}13）$$

秸秆粉碎作业高速旋转过程中，能够保证摩擦阻力矩$fF_r r > mgh$，越过销轴摆动激励条件，消除稳态振动响应，甩刀相对销轴静止。因此，可忽略刀宽以及销轴摩擦力矩的影响，有$\theta_1 = 0$，$M_4 = 0$，则方程（2-13）可简化为（2-14）：

$$\tan\theta = \frac{FL}{mL_1(\omega^2 R_3 + g)} \quad （2\text{-}14）$$

作为甩刀粉碎秸秆作业的重要参数，偏转角θ越大，捡拾不彻底、切割粉碎效果越差。根据式（2-14）以及上述确定的粉碎刀结构尺寸，可通过增加甩刀质量m、提高刀轴转速（角速度ω）来减小偏转角θ，提高作业质量。而刀轴旋转角速度ω不宜过大，ω越大，离心惯性力越大，易引起振动与噪声，整机平稳性降低，无法保证安全可靠性；甩刀质量m亦不宜过大，m越大，整机工作载荷越大，功耗增大。因此，需要合理选择甩刀质量m和刀轴旋转角速度ω，综合前文对动刀结构设计以及刀轴转速运动分析，确定$m=3.5\text{kg}$、$\omega=251.3\text{rad/s}$。

（2）碎秸导流装置设计

碎秸导流装置作为实现种带清秸、行间覆秸作业过程重要部件，空间布置如图2-26所示，4组碎秸导流装置固定于横梁支架上，沿作业幅宽方向间隔320mm等距分布（间距可根据实际作业要求调节）。其结构设计的合理性将直接影响种带质量，主要包括导流板、侧边定型板、固定板、种肥口等零部件，如图2-33所示。

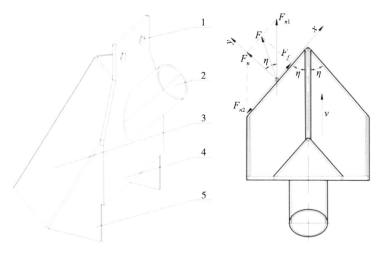

1.安装孔；2.种肥口；3.导流板；
4.固定板；5.侧边定型板

图2-33　碎秸导流装置结构　　　图2-34　秸秆分流受力分析

为了防止"一"字形直板刮草壅堵，设计导流板竖直方向呈"V"字形外扩分流，将粉碎型腔内喷射的碎秸阻隔形成一定宽度的施肥播种洁区，相邻洁区之间秸秆堆积规整成垄。整机作业前进过程中，碎秸沿导流板两侧向后运动集覆于行间，若离散化碎秸为单个颗粒，任取导流装置垂直方向一截面为研究域，在碎秸条铺某一时刻t对秸秆进行动力学分析，并建立如图2-34所示坐标系。从图中的秸秆受力分析可以看出，秸秆所受的综合作用力F为导流板支持反力F_n与导流板侧面摩擦力F_f的合力，即为秸秆的绝对运动方向（利于秸秆行间集覆），而导流板对秸秆的支持反力F_n是前进方向分力F_{n1}与秸秆沿导流板流向分力F_{n2}的合力，以此建立秸秆的瞬时运动微分方程（2-15）：

$$\begin{cases} F_n(\tan\eta - \tan\varphi) = m\dfrac{\mathrm{d}^2 x}{\mathrm{d}t^2} \\[2mm] m\dfrac{\mathrm{d}^2 y}{\mathrm{d}t^2} = 0 \\[2mm] F_n = \dfrac{mg}{2\tan\phi} \end{cases} \qquad (2\text{-}15)$$

结合理论力学知识，根据式（2-15）可推算出秸秆在导流板的位移与速度方程（2-16）：

$$\begin{cases} x = \dfrac{gt^2}{4}\dfrac{\tan\eta - \tan\varphi}{\tan\phi} \\[3mm] v_x = \dfrac{gt}{2}\dfrac{\tan\eta - \tan\varphi}{\tan\phi} \end{cases} \qquad (2\text{-}16)$$

式中：η——整机前进方向与导流板法线方向夹角，即为导流板外扩半角，°；

ψ——秸秆与导流板之间的摩擦角（由导流板材质确定），ψ为一定值，°；

φ——秸秆自然休止角，°。

根据式（2-16）可以看出，秸秆导流过程中的位移和速度与导流板装置的外扩半角η直接相关，为获得有利于秸秆向两侧集覆的趋势，这里设计导流板外扩角$2\eta=90°$，则外扩半角$\eta=45°$，能够在保证洁区有效宽度的同时减小碎秸摩擦力、降低堆堵概率，满足机具的通过性要求；根据试验地小麦生产农艺要求，设计导流板宽度$W=240\text{mm}$（两侧板间距），即在洁区宽度为240mm的种带进行后续的旋耕、施肥、播种作业，以减少不必要的动力消耗；导流装置通过螺栓固接在罩壳支撑梁上，圆弧形导流刃线与粉碎甩刀回转面径向距离τ决定了行间覆秸区垄型质量，结合前期实际试验工况，一般取$10\text{mm} \leqslant \tau \leqslant 30\text{mm}$，径向距离$\tau$大，高速喷射的碎秸进入种带，降低洁区清秸率，径向距离τ小，碎秸在有限的时间内无法分流至导流板两侧，易出现秸秆聚集、推挤压，破坏覆秸垄型。因此需要设计导流板合理的安装位置，以提高种带清秸率和覆秸区垄型质量，后续通过性能试验选取最佳的径向距离τ。

（3）传动系统设计

传动系统主要由齿轮传动系统和多楔带传动系统组成。整体驱动力由牵引拖拉机PTO以万向节输出单路传动，输出动力经过锥齿轮变速传动箱、多楔带传动分别实现2次加速，将动力传输给高速旋转的粉碎刀轴以及后续联合作业的带状旋耕刀轴等，传动路线如图2-35所示。

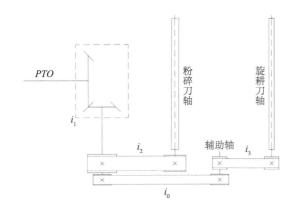

图2-35　传动系统示意

由图2-35可以看出，秸秆粉碎刀轴的总传动比i_f、种带旋耕刀轴的总传动比i_x分别为如式（2-17）所示：

$$\begin{cases} i_f = i_1 i_2 \\ i_x = i_1 i_0 i_3 \end{cases} \tag{2-17}$$

式中：i_1——齿轮变速箱传动比，为齿轮齿数的反比；

　　　i_2——粉碎刀轴一级多楔带传动比，为带轮直径的反比；

　　　i_0——辅助支撑带轮传动传动比，两带轮直径相等，取$i_0=1$。

根据上文分析需要粉碎刀轴转速n达到2000r/min，结合系统转速与功率消耗关系以及常用的牵引拖拉机PTO输出转速标准，确定$n_{PTO}=720$r/min，则合理分配传动比$i_1=2.22$、$i_2=1.5$；根据带状旋耕具体作业要求，选取合适的i_3。

3 全秸硬茬地机播碎秸关键技术研究

3.1 秸秆粉碎主要物理特性测定

3.1.1 秸秆含水率的测定

3.1.1.1 试样准备

试验材料取自江苏泗洪县'淮稻5号'水稻、'淮麦33'小麦、'苏玉29'玉米品种收获期秸秆，选取生长良好、茎秆通直、无病虫害和茎秆表面无明显缺陷、无破损或开裂的植株。在水稻、小麦、玉米农作物收获的区域内采用五点取样法进行取样，将作物秸秆主秆分为上部试样、中部试样、下部试样，在其下部和中部选取试样开展试验，将每个样本收集起来，立即对其称重，然后放入密封袋中，每份样本不小于50g，然后用标签纸做上标记。对于秸秆量稀少的区域，可对其进行多点取样，即多取几个边长为机具幅宽的正方形，进行多次取样，确保每份样本取样足够。

3.1.1.2 试验仪器与方法

试验仪器有精度为0.01g的电子天平、干燥箱（图3-1）以及干燥器皿。

（a）电子天平　　　　　　　　　（b）干燥箱

图3-1　电子天平与干燥箱

试验时将事先准备好的秸秆放入到干净的干燥器皿中，并标上记号；然后，在105℃±2℃恒温下干燥24h，取出放入密封的干燥器皿中冷却到常温称其质量，再将其放入到干燥箱中烘干，以1h为一间隔取出冷却称其质量，直至前后两次质量差小于0.01g为止，待秸秆烘干测量后，立即将干燥的秸秆放入到密封袋中，以备后续测量所用。如果后一次质量大于前一次质量，则以前一次质量为基准计算，含水率计算如式（3-1）所示：

$$H_i = \frac{M_{is} - M_{ig}}{M_{is}} \times 100 \tag{3-1}$$

式中：H_i——秸秆含水率，%；

M_{is}——秸秆干燥前质量，g；

M_{ig}——秸秆干燥后质量，g。

3.1.1.3 试验结果

试验所测得的数据如表3-1所示。

表3-1 秸秆含水率测定

秸秆种类	序号	烘干前质量/g	烘干后质量/g	质量差/g	含水率/%	平均含水率/%
小麦秸秆	1	51.2	39.6	10.6	22.7	
	2	50.6	40.1	10.5	20.8	
	3	51.1	40.4	10.7	20.9	21.7
	4	52.3	40.4	11.9	22.8	
	5	51.8	40.6	11.2	21.2	
水稻秸秆	1	52.3	27.4	24.9	47.6	
	2	50.5	26.7	23.8	47.1	
	3	51.2	27	24.2	47.3	47.2
	4	51.5	27.2	24.3	47.2	
	5	50.7	26.9	23.8	46.9	
玉米秸秆	1	52.1	21.2	30.9	59.3	
	2	50.8	20.5	30.3	59.6	
	3	51.7	20.5	31.2	60.3	59.9
	4	51.4	20.3	31.1	60.5	
	5	51.6	20.8	30.8	59.6	

3.1.2　最大剪切力的测定

3.1.2.1　剪切力的测定

全秸硬茬地洁区播种机在正常工作时，是利用装有甩刀的碎秸刀辊将较长的作物秸秆进行粉碎。最大剪切力是秸秆粉碎必须考虑的问题。试样取备的方法和前一节一致，将作物秸秆主秆分为上部试样、中部试样、下部试样，选取下部试样、中部试样开展试验；运用WDW—10型微控电子式万能材料试验机对其进行剪切强度测试。试验中设置剪切刀具加载速度60mm/min，不设置下限值，精度级别设置为1级，将秸秆开始出现断裂的剪切力作为剪切强度。每组试验在相同工况下完成，小麦、水稻、玉米秸秆试验结果如表3-2所示。

表3-2　农作物秸秆剪切力试验结果

秸秆种类	含水率/%	最大剪切力/N				
		1	2	3	4	5
小麦	21.7	127.55	98.65	92.28	77.20	142.20
水稻	47.2	165.28	125.71	124.33	110.84	184.87
玉米	59.9	326.62	234.25	208.78	295.36	343.57

由表3-2可知，小麦秸秆的剪切力在70～150N，因此在小麦秸秆粉碎工作时，最小剪切力应在150N以上；水稻秸秆的剪切力为110～190N，因此在水稻秸秆粉碎工作时，最小剪切力应在190N以上；玉米秸秆的剪切力为200～350N，因此在玉米秸秆粉碎工作时，最小剪切力应在350N以上。

3.1.2.2　含水率对玉米秸秆剪切力的影响

通过上一节对农作物秸秆剪切力的测定，得出玉米秸秆的最大剪切力远大小麦、水稻秸秆，在设计碎秸装置结构和运动参数时需重点考虑玉米秸秆的最大剪切力。同时，因不同时期、地点的玉米秸秆含水率不同，需研究含水率对玉米秸秆最大剪切力的影响。

在不同收获期玉米田块进行取样，选取秸秆下段、中段试样，试样直径范围（26±0.5）mm，为防止秸秆含水率变化，取样后密封袋装袋并当天进行试验，每个试验重复5次。对含水率分别为78.9%、67.6%、58.8%、49.3%的秸秆试样进行最大剪切力试验，试样的位移—剪切力试验结果见表3-3所示，随着含水率的下降最大剪切力变化规律为先减小后增大，且在含水率为58.8%时破坏值最小，当含水率进一步下降时，破坏载荷将增大。

表3-3　不同含水率玉米秸秆剪切强度试验结果

含水率/%	试验时间/s	最大剪切力/N	最大剪切力均值/N	最大力下形变/mm
	18.63	392		31.26
	16.13	326		27.82
78.9	13.50	234	317	23.44
	17.67	352		28.15
	14.21	281		27.10
	16.69	307		27.43
	17.22	338		28.94
67.6	14.39	245	282.4	23.67
	14.45	314		26.26
	13.30	208		25.21
	17.86	275		21.82
	15.63	305		27.63
58.8	21.76	229	254	26.89
	20.10	194		20.40
	17.01	267		27.65
	16.84	273		26.38
	18.13	302		28.64
49.3	17.46	259	276.2	25.60
	19.38	341		32.76
	14.09	206		22.62

3.2　碎秸高度自动调控系统设计

3.2.1　碎秸装置整体配置

3.2.1.1　碎秸装置整体配置

全秸硬茬地碎秸跨越移位洁区播种机（本章后续中简称洁区播种机）结构如图3-2所示，其主要由碎秸跨越移位装置与多功能组配播种装置组成，其中碎秸跨越移位装置主要由秸秆粉碎装置、秸秆输送装置和秸秆打散装置组成。作业时，由拖拉机动力输出轴（PTO）提供动力，带动秸秆粉碎装置和秸秆输送装置运转，田间秸秆经过粉碎装置粉碎收集后，通过秸秆输送装置输送、提升，并在打散装置作用下均匀地向后抛撒，播种装置在碎秸跨越移位装置后下方无秸秆的"洁净播种区"进行播种作业，最后抛撒出的秸秆均匀地覆盖在播后地表。

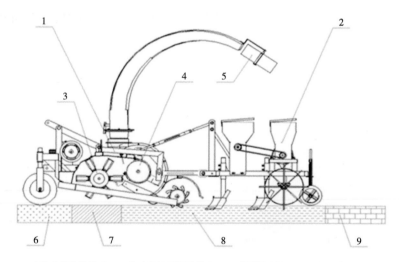

1.碎秸跨越移位装置；2.多功能组配播种装置；3.秸秆粉碎装置；4.秸秆输送装置；
5.打散装置；6.秸秆区；7.秸秆清理区；8.洁净播种区；9.均匀覆盖区

图3-2　全秸硬茬地碎秸跨越移位洁区播种机结构及其作业原理

秸秆粉碎装置采用动静刀组配与Y型粉碎捡拾甩刀设计，如图3-3所示，其主要包括罩壳、刀轴、刀座、Y型甩刀、定齿、传动机构组成。工作时，传动机构带动刀轴及甩刀高速旋转，旋转方向与拖拉机轮胎转动方向相反，高速旋转的甩刀冲击直立或倒伏的秸秆，同时由于甩刀的高速旋转，在罩壳入口处形成负压区，秸秆被吸入罩壳内，与安装在罩壳上的定齿相遇，被剪切粉碎，由于罩壳截面的变化导致气流速度和方向的改变，可使秸秆多次受到甩刀的打击和定齿的剪切。

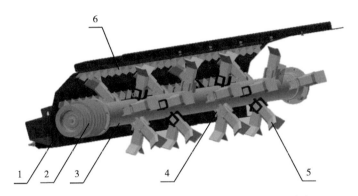

1.罩壳；2.传动机构；3.刀轴；4.刀座；5.Y型甩刀；6.定齿

图3-3　秸秆粉碎装置结构

3.2.1.2　碎秸高度控制原理

洁区播种机可在多品种前茬作物全量秸秆地进行免耕播种作业。当田块有沟坎或集堆不平时，秸秆粉碎装置会接触地表，夹带过量泥土进入秸秆输送装置，此时秸秆输送装置驱动轴的扭矩负载增大，安装于驱动轴两端的扭变采集装置实时采集因扭矩负载改变引起的驱动轴扭变，并输送至微处理器控制模块，微处理器控制模块根据驱动轴扭变量和转速等数据，进行分析计算，输出液压电磁阀控制信号，驱动碎秸高度调整装置动作，以破茬破土装置为支点，实现秸秆粉碎装置离地高度的自动调整，使之与地面保持最优作业距离。

3.2.2　机械系统设计

3.2.2.1　检测装置

本系统选取电感式接近传感器作为检测元件，该传感器可通过内部振荡电路感知金属物体的靠近，最终输出二进制开关信号。检测装置由电感式接近传感器和配套的金属检测圆盘组成。如图3-4、图3-5所示，在集秸轴的两端各套上一个金属检测圆盘，圆盘上开有扇形通孔。皮带轮端检测圆盘（以下简称"检测盘1"）通过皮带轮和轴套夹紧，风机端检测圆盘（以下简称"检测盘2"）以轴套定位，并用螺栓锁紧。在集秸轴两端的轴承座上各安装一个传感器支架，将传感器固定在支架上并使传感器感测头正对检测盘上的扇形孔。机具运行时，传感器固定不动，检测圆盘随集秸轴高速旋转。采用接近传感器的常闭输出模式，当检测圆盘上的扇形孔部分转至传感器感测头正对位置时，传感器检测范围内无金属物质，输出ON信号（即高电平），其余时间输出OFF信号（即低电平）。该信号送至传感器接口电路作进一步处理。

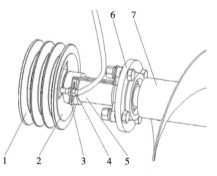

1. 皮带轮；2. 金属检测圆盘；
3. 传感器支架；4. 接近传感器；
5. 轴套；6. 轴承座；7. 搅龙

图3-4 集秸轴皮带轮端传感器安装示意

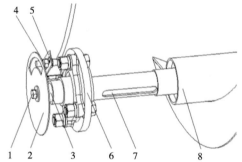

1. 螺栓；2. 金属检测圆盘；3. 轴套；
4. 接近传感器；5. 传感器支架；6. 轴承座；
7. 风机叶片安装键槽；8. 搅龙

图3-5 集秸轴风机端传感器安装示意

如图3-6所示，为了使接近传感器检测可靠输出稳定，金属检测圆盘扇形通孔的宽度 W 必须大于接近传感器直径 d，且装配时应将接近传感器端面对正扇形通孔宽度中心，并保证接近传感器端面与金属检测圆盘之间的距离 L 小于接近传感器的检测距离。综合结构设计要求，金属检测圆盘的设计参数如表3-4所示。

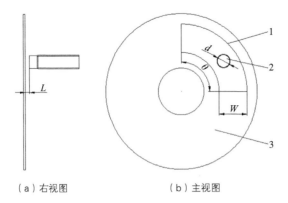

（a）右视图　　　　　　　　（b）主视图

1.扇形通孔；2.传感器感测头；3.检测圆盘

d为传感器感测头外径，mm；W为扇形通孔半径，mm；θ为扇形通孔圆心角，°；
L为传感器感测头端面与检测圆盘之间的距离，mm。

图3-6　检测圆盘与传感器感测头相对位置示意

表3-4　金属检测圆盘设计参数

项目	设计值
直径/mm	220
厚度/mm	3
扇形孔圆心角/°	90
扇形孔外径/mm	190
扇形孔内径/mm	130
额定转速/（r/min）	2500

系统选用的接近传感器直径为12mm，检测距离为4～12mm，设计时取扇形通孔宽度W为30mm，实际装配后检测间距L约为5mm，满足上述要求。根据式（3-2）可计算出扇形通孔通过接近传感器时间：

$$t = \frac{30\theta}{\pi n} \qquad (3-2)$$

式中：t——金属检测圆盘旋转一周扇形通孔经过接近传感器持续时间，s；

θ——扇形通孔的圆心角，rad；

n——驱动轴的转速，r/min。

设计采用金属检测圆盘1和2上的扇形通孔外形尺寸和位置相同。装配要求金属检测圆盘1的扇形通孔对正接近传感器1，金属检测圆盘2的金属部分对正接近传感器2，使其之间错开一定角度。当驱动轴高速旋转时，接近传感器1和2的信号输出波形如图3-7所示。

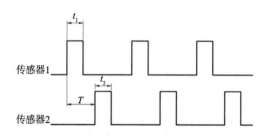

t_1为检测盘1上扇形孔转过传感器正对位置的时间，ms；t_2为检测盘2上扇形孔转过传感器正对位置的时间，ms；T为两扇形孔分别转至传感器正对位置时的时间间隔，ms。

图3-7　传感器输出波形示意

由式（3-3）可计算得出金属检测圆盘1和2的错位角：

$$\varphi = \frac{\pi n T}{30} \tag{3-3}$$

式中：φ——金属检测圆盘1和2的错位角，rad；

$\quad\quad$ θ——金属检测圆盘1和2扇形通孔分别经过接近传感器1和2的时间间隔，s。

在额定驱动负载下，驱动轴可视为弹性体，由胡克定律可知，随着集秸输送负载增大或减小，驱动轴的应变将相应改变，表现出错位角φ值的变化。因此，控制系统微处理器可通过准确采集时间间隔T，即可监测装备作业时的集秸输送负载情况，并适时输出碎秸装置离地高度调整信号。

3.2.2.2　执行机构

碎秸装置的前部两侧各有一套碎秸高度调整机构，执行控制系统指令，同步调整碎秸粉碎装置离地高度。如图3-8所示，碎秸高度调整机构主要由液压缸1、固定支架2、地轮支架7和地轮8组成。液压缸1的缸体通过螺栓固定于固定支架2的顶部，液压缸活塞杆通过活塞杆套3和销轴5连接地轮支架7，地轮8固定于地轮支架7的下方。作业时，地轮8紧贴地表行走并支撑主机架10，当对液压缸1无杆腔注油时，液压缸活塞杆向下推力作用于地轮支架7和地轮8，反作用力使主机架10上移，加大秸秆粉碎装置离地高度；反之液压缸1有杆腔注油时，则减小秸秆粉碎装置离地高度。

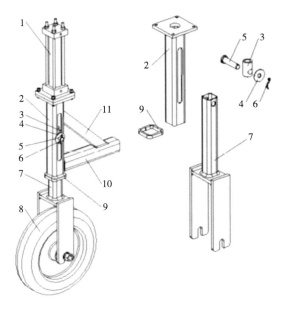

（a）整体结构　（b）关键部件拆解

1.液压缸；2.固定支架；3.活塞杆套；4.垫圈；5.销轴；6.开口销；
7.轮支架；8.地轮；9.加强箍；10.主机架；11.加强筋

图3-8　执行机构结构

　　液压缸提升主机架时，秸秆清理装置的覆土轮着地，且限深轮位于秸秆清理装置的最前端，相当于以覆土轮为支点，提升机架的另一端。提升机架所需的力可由式（3-4）计算得出：

$$F = \frac{mgx}{y} \tag{3-4}$$

式中：m——秸秆清理装置质量，kg；

　　　　x——自重阻力力臂，mm；

　　　　y——支撑力力臂，mm；

　　　　g——重力加速度，m/s^2。

碎秸装置自重约为820kg，取重力加速度g=9.8m/s²；支撑力力臂y为限深轮至覆土轮之间的距离，经测量y约为1390mm；自重阻力力臂x为秸秆清理装置重心到覆土轮之间的距离，利用称重法测得该重心在集秸轴与碎秸刀辊的中间位置，x值约为432mm。计算得所须提升力至少约为2.5kN。采用此执行机构能够在机具行进过程中使主机架和限深轮做相对运动，保证在地轮着地支撑的同时提升或降低碎秸刀辊作业高度。

3.2.2.3 液压驱动系统

碎秸高度调整机构的动作是由液压系统驱动，液压控制系统原理如图3-9所示。洁区播种机液压驱动系统由两部分组成：一部分是拖拉机内部部分，完成液压驱动系统高压油的供给，包括油箱1、过滤器2和单向定量液压泵；另一部分为洁区播种机机载部分，包括溢流阀4、三位四通电磁阀和一对液压缸6。三位四通电磁阀5接收控制系统的指令，切换供油路线，改变碎秸高度调整液压缸运动方向，进行碎秸高度的修整。溢流阀4主要适应不同拖拉机的供油系统，为机载液压部分提供固定工作油压，保证液压缸推力稳定。

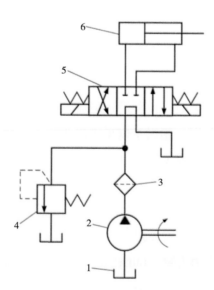

1.油箱；2.单向定量液压泵；3.过滤器；4.溢流阀；5.三位四通电磁换向阀；6.液压缸

图3-9 液压控制系统原理

由碎秸高度调整机构的结构形式可知，在减小秸秆粉碎清理组件的离地高度时，向液压缸的有杆腔注油，在装置自重作用下，所需液压缸的推力很小；在加大秸秆粉碎清理组件的离地高度时，向液压缸无杆腔注油，液压缸推力需克服装置自重，单个液压缸对主机架的推力可由式（3-5）计算得出：

$$F_1 = \frac{\pi}{4}[D^2(P - P_0) - d^2 P_0]\eta \qquad （3-5）$$

式中：F_1——压力油对主机架的推力，N；

    D——液压缸缸径，mm；

    d——为活塞杆直径，mm；

    P——为油缸的进油压力，MPa；

    P_0——液压缸的回油背压，MPa；

    η——液压缸的机械效率。

综合考虑碎秸调整机构的结构形式和整机组配方式，液压缸的设计参数如表3-5所示。忽略会有背压，取液压缸机械效率η为0.9，可计算出单个液压的额定推力可达9kN，完全满足碎秸高度调整设计要求。

表3-5　液压缸设计参数

项目	设计值
缸径/mm	40
杆径/mm	25
行程/mm	200
工作油压/MPa	8
最大油/MPa	12

3.2.3　电子控制系统设计

微处理器系统通过传感器接口电路分别采集位于驱动轴两端的接近传感器1和接近传感器2输出的脉冲信号，经过波形时域数据分析处理，判断秸秆粉碎装置实时工作负载变化情况，以此输出秸秆粉碎高度调节信号，经电磁阀驱动电路放大，驱动电磁阀动作改变液压系统供油方向，使液压缸产生碎秸高度调整动作。控制系统原理框图如图3-10所示。

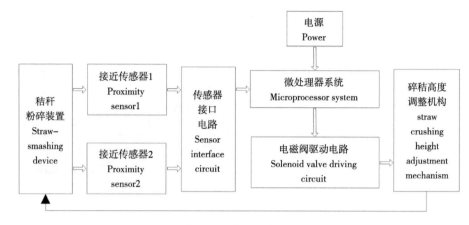

图3-10　控制系统原理

3.2.3.1　电源

为适应不同拖拉机的电源系统，碎秸装置离地高度自动控制系统采用DC12～24V供电，电源分别采用隔离稳压DC—DC模块和宽压差线性稳压管输出微处理器系统供电VCC和电磁阀驱动电路供电VSS。两路供电相互隔离，可有效抵抗快速脉冲群等传导性干扰。

3.2.3.2　微处理器系统

选择ST公司32位基于ARM CortexTM—M3核的STM32F101R6微处理器构成数据处理硬件平台，具有丰富功能配置和36MHz的CPU处理速度，满足扭变信号采集和分析判断的要求。

3.2.3.3　电磁阀驱动电路

电磁阀线圈驱动电路是由N通道硅MOS管2SK2931和高效二极管堆10GL2CZ47A组成，如图3-11所示。光耦TLP817是物理隔离微处理器电路和电磁阀线圈驱动电路，二极管堆D1是为了消除线圈反向续流，抑制浪涌，防止MOS管被反向击穿。

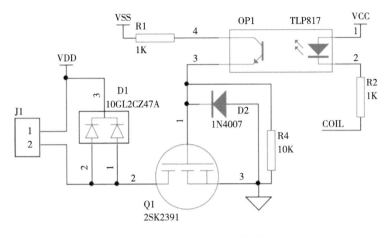

图3-11　电磁阀驱动电路原理

3.2.3.4　接近传感器

本控制系统选用Macher公司FAM-12D06N1—DS12型全金属封装电感式接近开关作为金属检测圆盘位置传感器，其感测距离4mm，开关频率可达400Hz，满足金属检测圆盘最高3000r/min转速检测。

3.2.3.5　传感器接口电路

传感器接口电路是由钳位二极管1N4148、RC滤波和整形电路组成，消除干扰毛刺，并通过光耦与微处理器连接，提高接口电路抗干扰能力。为了确保接近传感器输出脉冲采样准确不丢失，脉冲输出经光耦隔离后接至微处理器的外部中断输入触发口，使用边沿触发方式中断进行脉冲计数和判断。

3.2.3.6　软件设计

全秸硬茬地碎秸跨越移位洁区播种机秸秆粉碎装置离地高度自动控制系统程序流程图如图3-12所示，软件采用STM32固件库函数编程，在RVMDK5.12编程编译环境下，采用前后台程序架构。

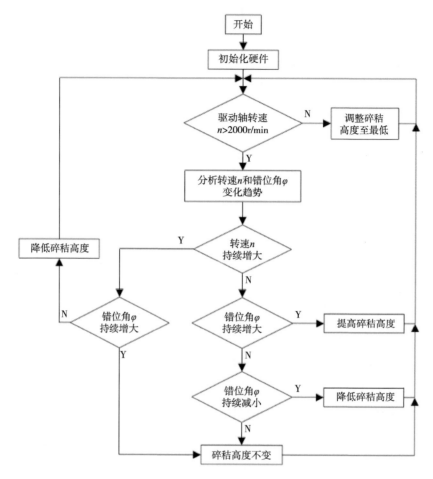

图3-12 控制程序

硬件系统中，两个接近传感器输出方波信号经光耦隔离后分别接入微处理器的两路外部中断，外部中断设置为边沿触发方式，所以驱动轴旋转时，每圈每个外部中断将被触发两次，在中断程序中连续采样脉冲时间t_1、t_2和T，并以此计算驱动轴实时转速n和错位角φ。

田间播种作业证明，为保证秸秆粉碎装置的灭茬效果，驱动轴的转速n必须大于2000r/min，程序以此判断设备是否进入生产作业模式。生产作业时，控制程序实时监控驱动轴转速n和错位角φ，并对数值进行数字滤波，分析计算其变化趋势，根据变化趋势判断洁区播种机分别处于怠速、人为提速、正常作业、过载作业、欠载作业和人为降速等状态，针对不同作业状态，适时调整碎秸装置离地高度，实现碎秸装置作业负载稳定，避免秸秆输送装置壅堵、卡滞。

3.2.4　信号采集与控制输出验证

3.2.4.1　试验条件

在试验基地利用约翰迪尔6B—1404拖拉机挂接洁区播种机进行信号采集与控制输出验证试验，验证信号采集方法和控制信号输出的正确性。为了便于数据监测，微处理器通过USART1口每0.1s输出一次当前驱动轴轴转速 n 和错位角 φ 的实时数值，试验时连接笔记本电脑进行数据外部监测。电磁阀驱动信号采用FLUKE190—120双通道便携式示波器进行采集，监测控制输出逻辑。试验场地选择全量秸秆稻茬覆盖的田块。

3.2.4.2　试验方法

验证试验分两步进行：一是不使用液压系统，即洁区播种机的液压系统不连接拖拉机液压输出，由拖拉机驾驶人员人为改变拖拉机输出转速和碎秸装置离地高度，模拟不同作业工况，以便监测控制系统对不同工况的控制输出，验证控制输出逻辑的正确性；二是连接拖拉机的液压输出和免耕播种的液压系统，保持驱动轴2500r/min的转速不变，人为通过悬挂改变碎秸装置离地高度，改变碎秸装置负载，验证碎秸高度自动控制系统实时输出控制指令反向调整碎秸装置离地高度，稳定驱动轴转速和负载的效果。

3.2.4.3　试验结果分析

实测试验过程驱动轴转速 n 和错位角 φ 的变化曲线如图3-13所示，实测控制输出真值数据如表3-6所示。

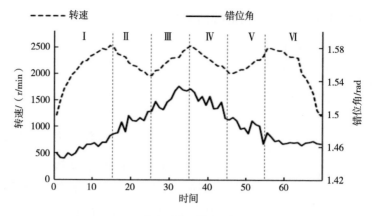

（a）未使用液压系统

Ⅰ~Ⅳ区域分别表示人为模拟不同作业工况下驱动轴转速和错位角的变化。

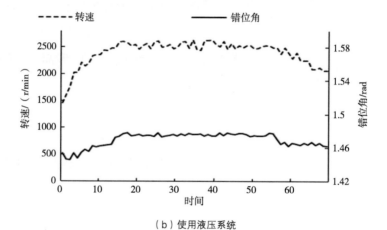

（b）使用液压系统

图3-13　驱动轴转速与错位角变化曲线

表3-6　碎秸高度自动控制系统控制输出真值

模拟作业工况序号	驱动轴状态		碎秸装置离地高度
	转速	错位角	
Ⅰ	1	1	0
Ⅱ	0	1	1
Ⅲ	1	1	—
Ⅳ	0	0	0
Ⅴ	1	0	0
Ⅵ	0	0	1

"1"表示对应数值增加；"0"表示对应数值减小；"—"表示对应数值不变。

Ⅰ时域表示驱动轴转速从2000r/min以下上升至额定转速2500r/min的过程，即模拟作业开始，此时错位角缓慢增大，碎秸高度控制系统输出降低碎秸高度控制信号，增加作业负载至正常作业值；Ⅱ表示碎秸负载增大，使错位角持续增加，驱动轴转速下降，碎秸高度控制系统实时输出增加高碎秸高度控制信号，降低碎秸负载；Ⅲ为碎秸负载增加时人为提高拖拉机转速，错位角增加，但碎秸高度控制系统不输出碎秸高度调整信号，保持碎秸高度不变；Ⅳ为碎秸负载减小时人为降低拖拉机转速，错位角减小，碎秸高度控制系统输出降低碎秸高度信号，保持碎秸负载稳定；Ⅴ为碎秸负载减小而拖拉机输出功率不变，使转速增加，错位角减小，碎秸高度控制系统输出降低碎秸高度信号，保持碎秸负载稳定；Ⅵ为作业结束，驱动轴转速降至2000r/min以下，碎秸高度控制系统输出增加碎秸高度信号，使作业部件离开地面。

试验证明，碎秸高度控制系统的控制输出逻辑正确，符合实际作业碎秸负载变化时碎秸高度的调整，实测控制信号对错位角变化的响应延时为0.24s。接入液压系统后，由于碎秸控制系统的介入，实时修正碎秸高度，稳定碎秸作业负载。试验测量显示［图3-13（b）］，驱动轴额定转速为2500r/min时，可使驱动轴的转速n控制在2448～2632r/min，错位角φ的变化量为±0.0024rad。

3.3 碎秸性能与功耗试验研究

本节对搭载碎秸高度自动调控系统的全秸硬茬地碎秸跨越移位洁区播种机碎秸作业性能进行试验，重点对秸秆粉碎长度合格率和每米幅宽粉碎作业功耗（以下简称粉碎功耗）指标进行优化。

3.3.1 试验条件与方法

3.3.1.1 试验条件

该试验的地点是江苏农业科学院六合试验基地，在收获后的留茬水稻田内进行，留茬平均高度为35cm，机具前进速度设定为1.0m/s，工作区间长度设置为30m，秸秆含水率为65%。试验设备有：常发CFG1504拖拉机，标定功耗为110.3kW；北京三晶生产的SL06型转矩转速传感器；OCS—005型电子秤，最大量程50kg；FLUKE937型合式转速表，支持接触式与非接触式的转速测量；皮尺、电子天平、秒表等。

3.3.1.2　试验指标测定方法

根据《秸秆粉碎还田机标准》及《免耕播种机质量评价技术规范》中试验方法的规定，结合实际作业情况，对各试验指标设计如下的测定方法：

本试验的指标秸秆粉碎功耗和碎秸长度合格率的决定因素包括扭矩和转速，这两项指标可以通过扭矩转速传感器测得，将扭矩转速传感器安装在拖拉机PTO与碎秸装置动力输入轴之间，并摘除碎秸装置与横向输送搅龙之间的动力传送皮带，传感器获得的数据通过数据线传输到电脑，即可获得碎秸装置的实时和平均功耗。试验中选取碎秸功耗较稳定的一段作为所要求的功耗值。单位长度碎秸功耗按下式（3-6）计算：

$$P = \frac{P_L}{L} \tag{3-6}$$

式中：P——单位长度碎秸功耗，kW；

　　　P_L——传感器实测值，kW；

　　　L——作业幅宽，m。

秸秆粉碎合格情况的设置可参考JB/T 6678—2001《秸秆粉碎还田机标准》，水稻、小麦等茎秆类作物秸秆粉碎合格长度应不大于150mm，故粉碎后水稻长度大于150mm即为不合格，小于150mm即为合格。秸秆粉碎设备的秸秆粉碎长度合格率应不小于92%。秸秆粉碎长度合格率公式如下：

$$C = \frac{m}{M} \times 100 \tag{3-7}$$

式中：C——秸秆粉碎长度合格率，%；

m——合格秸秆质量，g；

M——秸秆总质量，g。

秸秆粉碎作业完成后，随机确定3个测点，每个测点面积为1m²，在选区内对秸秆进行分类称重，即可得出秸秆粉碎长度合格率。

3.3.2　影响因素与试验指标的确定

影响洁区播种机碎秸部件作业功耗的因素很多。考虑到试验可行性以及机具作业参数，现选取以下3种元素为主要因素：甩刀刀型、刀顶离地高度、刀轴转速。下面对这3种因素进行详细阐述。

（1）甩刀刀型

甩刀刀型是指机具在工作时粉碎部件的刀具形状。目前比较常见的刀型包括Y型刀、锤片式、直刀型。这3种刀型各有优劣，试验中更换不同形状的甩刀（底座与长度相同）来进行对比。

（2）刀顶离地高度

碎秸部件离地高度对机具的性能也有着重要的影响，刀顶离地高度是指甩刀在不工作垂直地面的状态下，甩刀距离地面的最低点距地面的高度。刀顶离地距离影响着可被粉碎的秸秆量，进一步影响粉碎部件性能。作业前刀顶离地高度可以通过三点悬挂系统调节。

（3）刀轴转速

刀轴的转速是指机具工作过程中刀轴的旋转速度，这也决定了甩刀的切割速度。刀轴转速过快会造成机具能耗的浪费，能耗偏大；刀轴转速过慢会导致切碎效果变差，秸秆粉碎长度合格率降低，不符合国家标准对秸秆还田机具工作性能的要求。刀轴转速可通过改变PTO输出转速以及传动比来调整。

3.3.3　影响试验指标的单因素试验

首先通过单因素试验，分析出各因素对粉碎功耗与秸秆粉碎长度合格率的影响规律，观察各因素对碎秸机构性能的影响趋势，确定其中的主要影响因素，以确定主要影响因素的合理参数范围；在单因素的基础上，选取影响秸秆粉碎的主要因素及其水平并进行正交实验，进而确定影响机具粉碎性能的最优参数组合。

3.3.3.1 甩刀刀型对试验指标的影响

（1）试验条件

甩刀是碎秸机构的主要部件，对粉碎功耗与粉碎长度合格率有着重要的影响。本文对Y型甩刀、锤片型和直刀型进行对比试验，3种刀型的刀座与刀具长度均相同，刀具总长均为115mm。

试验中，保持相同的刀顶离地高度（取60mm）和刀轴转速（取2000r/min），每组实验水平做3次试验，取3次试验的平均值作为最终结果。

（2）试验结果与分析

由表3-7可知，其他条件固定的情况下，锤片型刀的功耗最大，这是因为其质量相对较大，这也导致锤片型刀具有更大的惯性势能，秸秆粉碎长度合格率也是相对较高的。直刀型刀的质量较轻，在本次试验中功耗最小，但是秸秆粉碎长度合格率较低，这是由其形状和质量共同决定的。Y型甩刀质量相对较轻，因此作业功耗与秸秆粉碎长度合格率相对适中，且Y型甩刀比其他两型刀更有利于秸秆的捡拾。

表3-7 甩刀刀型对粉碎性能影响对应

序号	甩刀刀型	粉碎功耗/kW	秸秆粉碎长度合格率/%
1	Y型	8.62	96.6
2	锤片型	10.40	98.7
3	直刀型	8.12	94.4

3.3.3.2 刀顶离地高度对试验指标的影响

（1）试验条件

由上文可知，刀顶离地高度对碎秸部件性能的影响很大。为了进一步了解研究不同刀顶离地高度对碎秸部件功耗与粉碎效果的影响规律，刀顶离地高度分别设为20mm、40mm、60mm、80mm、100mm，高度通过拖拉机三点悬挂装置进行调节。在试验中，根据要求，选取相同的试验条件，即刀轴转速2000r/min，刀型选取Y型刀。在此工作情况下，对每种试验水平进行三次测定，取其中的实验数据的平均值作为最终结果，试验结果如表3-8所示。

（2）试验结果与分析

由表3-8可知，随着刀顶离地高度逐渐增大，粉碎功耗逐渐减小最后趋于稳定，粉碎合格率先增加后减小。试验中，当刀顶离地高度较低时，甩刀有可能打击到地面，且会通过甩刀高速旋转产生的负压，吸入更多的秸秆进入粉碎室，这使得机具功耗在此种情况下很大，粉碎合格率也比较低，随着刀顶离地高度的增加，吸附进入粉碎室的秸秆逐渐减少，因此功耗减少，粉碎率增加，当刀顶离地高度过高时，有大量秸秆无法吸附进入粉碎室内，因此功耗逐渐稳定，粉碎合格率回降。

表3-8　刀顶离地高度对粉碎性能影响对应

序号	刀顶离地高度/mm	粉碎功耗/kW	秸秆粉碎长度合格率/%
1	20	13.3	94.5
2	40	11.1	97.4
3	60	10.3	97.5
4	80	9.6	95.3
5	100	8.9	91.5

（3）刀顶离地高度与试验指标之间的曲线回归分析

由上述数据计算指标方差可知，刀顶离地高度对粉碎功耗与秸秆粉碎长度合格率影响非常显著。因此，为了进一步探索刀顶离地高度与目标参数之间的变化规律，使用SPSS软件对试验结果进行分析。在SPSS软件中输入数据，并对数据进行"曲线估计"分析，选择线性、二次、三次的模型，进行回归分析，以确定刀顶离地高度与粉碎功耗、秸秆粉碎长度合格率之间的数学关系式，并得出其影响规律。

1）不同刀顶高度对粉碎功耗的影响

由表3-9、表3-10、表3-11可知，二次回归与三次回归曲线拟合度较高，两种回归模型都有一定的统计学意义。由表可知，二次曲线与三次曲线的可决系数R^2较高，分别为0.987和0.999，但三次曲线模型的R^2更高，这就说明其拟合程度更高，对数据也有更强的解释能力，且由图3-14可见三次曲线拟合程度更高，故选取三次曲线模型。

表3-9　模型汇总

方程	R	R^2	调整R^2	估计值的标准差
线性	0.965	0.931	0.909	0.515
二次	0.993	0.987	0.974	0.277
三次	1.000	0.999	0.997	0.096

表3-10　方差分析

方程		平方和	Df	均方	F	Sig
线性	回归	10.816	1	10.816	40.764	0.008
	残差	0.796	3	0.265		
	总计	11.612	4			
二次	回归	11.459	2	5.729	74.825	0.013
	残差	0.153	2	0.077		
	总计	11.612	4			
三次	回归	11.603	3	3.868	423.021	0.036
	残差	0.009	1	0.009		
	总计	11.612	4			

表3-11　参数估计

方程	因子	未标准化的系数 B	标准化系数 Beta	t	Sig
线性	X	−0.052	−0.965	−6.385	0.008
	常数	13.780		25.507	0.000
二次	X	−0.116	0.23	−5.142	0.036
	X^2	0.001	0.000	2.898	0.101
	常数	15.280	0.593	25.746	0.002

方程	因子	未标准化的系数	标准化系数	t	Sig
		B	Beta		
三次	X	−0.234	−4.348	−7.621	0.083
	X^2	0.003	6.324	4.883	0.129
	X^3	−1.25E-5	−2.991	−3.969	0.157
	常数	16.960		36.056	0.018

X：刀顶离地高度

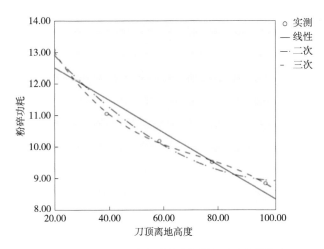

图3-14　不同刀顶高度对粉碎部件粉碎功耗的拟合

　　根据表3-11中各变量之间的线性系数估计，可知粉碎功耗Y与刀顶离地高度X的模型表达式（3-8）为：

$$Y（粉碎功耗）=16.960-0.234X+2.78\times10^{-3}X^2-1.25\times10^{-5}X^3 \qquad （3-8）$$

　　此模型显著性$P<0.05$，为差异性显著，且拟合程度较好，可决系数R^2为0.999。

　　由式（3-8）可知，此模型为开口向上的三次曲线，由拟合图可知模型在区间内有最小值。对模型表达式取一阶导数，得式（3-9）：

$$Y'=-0.234+0.556X-3.75\times10^{-5}X^2 \qquad （3-9）$$

　　令$Y'=0$，可知此一阶导数式无零点，且Y'的曲线图像开口向下，所以$Y'<0$，即三次曲线模型是递减函数，在边界$X=100$时，有最小值。

由上述分析可知，当洁区播种机粉碎部件工作时，保持其他条件不变时，随着刀顶离地高度的不断增加，机具粉碎部分粉碎功耗逐渐减小。

2）不同刀顶高度对秸秆粉碎长度合格率的影响

由表3-12、表3-13、表3-14可知，二次回归与三次回归曲线拟合度较高，两种回归模型都有一定的统计学意义。由表可知，二次曲线与三次曲线的可决系数R^2较高，分别为0.994和1.000，但三次曲线模型的R^2更高，这就说明其拟合程度更高，对数据也有更强的解释能力，且由图3-15可见三次曲线拟合程度更高，故选取三次曲线模型。

表3-12　模型汇总

方程	R	R^2	调整R^2	估计值的标准差
线性	0.519	0.270	0.026	0.024
二次	0.997	0.994	0.988	0.269
三次	1.000	1.000	1.000	0.024

表3-13　方差分析

方程		平方和	Df	均方	F	Sig
线性	回归	6.561	1	6.561	1.109	0.370
	残差	17.751	3	5.917		
	总计	24.312	4			
二次	回归	24.167	2	12.084	167.166	0.269
	残差	0.145	2	0.072		
	总计	24.312	4			
三次	回归	24.311	3	8.104	14181.667	0.006
	残差	0.001	1	0.001		
	总计	24.312	4			

表3-14　参数估计

方程	因子	未标准化的系数	标准化系数	t	Sig
		B	Beta		
线性	X	-0.041	0.038	-1.053	0.370
	常数	97.670	2.551	38.284	0.000

方程	因子	未标准化的系数	标准化系数	t	Sig
		B	Beta		
二次	X	0.296	0.022	13.468	0.005
	X²	-0.003	0.000	-15.607	0.004
	常数	89.820	0.577	155.764	0.000
三次	X	0.414	0.008	53.857	0.012
	X²	-0.005	0.000	-35.430	0.018
	X³	1.250E-5	0.000	15.875	0.040
	常数	88.140	0.118	749.522	0.001

X：刀顶离地高度

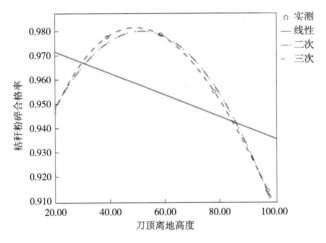

图3-15 不同刀顶高度对秸秆粉碎长度合格率的拟合

根据表3-14中各变量之间的线性系数估计，可知秸秆粉碎长度合格率Y与刀顶离地高度X的模型表达式（3-10）为：

$$Y = 88.140 + 0.414X - 5.05 \times 10^{-3}X^2 + 1.25 \times 10^{-5}X^3 \qquad (3-10)$$

此模型显著性$P<0.06$，为差异性极显著，且拟合程度较好，可决系数R^2为1.000。

由式（3-10）可知，此模型为开口向下的三次曲线，由拟合图可知模型在区间内有最大值。对模型表达式取一阶导数，得式（3-11）：

$$Y' = 0.414 - 10.10 \times 10^{-3}X + 3.75 \times 10^{-5}X^2 \qquad (3-11)$$

令Y'=0，可知X=50.43mm或者X=218.90mm，又X=218.90mm不在定义区间范围内，舍去，故X=50.43mm。

由式（3-10）、式（3-11）以及图3-15可知，当洁区播种机碎秸部件工作时，保持其他条件不变时，随着刀顶离地高度的增加，秸秆粉碎长度合格率先增加后减少。当刀顶离地高度小于50.43mm时，Y'>0，秸秆粉碎长度合格率随着刀顶高度增加而增加，当刀顶高度大于50.43mm时，Y'<0，秸秆粉碎长度合格率随着刀顶高度的增加而减少。

3.3.3.3 刀转速对试验指标的影响

（1）试验条件

刀轴转速同样是本试验中影响秸秆粉碎长度合格率与机具功耗的重要因素。本文将对机具刀轴转速进行5种水平试验，分别是1400r/min、1600r/min、1800r/min、2000r/min、2200r/min。在试验中，应在相同的工况下进行，即保持甩刀刀型为Y型，刀顶距地高度为60mm。每种水平进行3次测定，取3次试验的算术平均值作为最终试验结果。

（2）试验结果与分析

如表3-15和图3-16所示，随着机具刀轴转速的增加，机具粉碎功耗逐渐增加秸秆粉碎率逐渐增加，最后趋于稳定。这是由于，当刀轴转速较低时，机具粉碎室内秸秆无法快速粉碎，导致刀轴的扭矩增大，因此功耗也略有增加，秸秆粉碎长度合格率较差；随着刀轴转速的提升，刀轴的扭矩逐渐减小，功耗也略有减小，秸秆粉碎长度合格率逐渐增大；当刀轴转速继续增大时，刀轴转速开始起到主导地位，扭矩变化不大，因此粉碎功耗持续增加，秸秆粉碎长度合格率在刀轴转速过高的情况下逐渐趋于稳定。

表3-15　刀轴转速对粉碎性能影响

序号	刀轴转速/（r/min）	粉碎功耗/kW	秸秆粉碎长度合格率/%
1	1400	9.2	91.5
2	1600	9.1	94.3
3	1800	9.4	96.3

序号	刀轴转速/（r/min）	粉碎功耗/kW	秸秆粉碎长度合格率/%
4	2000	10.0	97.3
5	2200	10.9	98.1

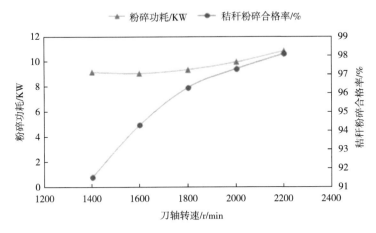

图3-16　刀轴转速对粉碎性能的影响

（3）刀轴转速与试验指标之间的曲线回归分析

由上述数据计算指标方差可知，刀轴转速对粉碎功耗与秸秆粉碎长度合格率影响非常显著。因此，为了进一步探索刀轴转速与目标参数之间的变化规律，使用SPSS软件对试验结果进行分析。在SPSS软件中输入数据，并对数据进行"曲线估计"分析，选择线性、二次、三次的模型，进行回归分析，以确定刀轴转速与粉碎功耗、秸秆粉碎长度合格率之间的数学关系式，并得出其影响规律。

1）不同刀轴转速对粉碎功耗的影响

由表3-16、表3-17、表3-18可知，二次回归与三次回归曲线拟合度较高，两种回归模型都有一定的统计学意义。由表3-16可知，二次曲线与三次曲线的可决系数R^2较高，且均为0.999，但二次曲线模型的估计值的标准差相较三次曲线模型更小，说明二次曲线模型的拟合程度更高，故选取二次曲线模型。

表3-16　模型汇总

方程	R	R^2	调整R^2	估计值的标准差
线性	0.911	0.830	0.773	0.355
二次	1.000	0.999	0.999	0.024
三次	0.999	0.999	0.997	0.040

表3-17　方差分析

方程		平方和	Df	均方	F	Sig
线性	回归	1.849	1	1.849	14.636	0.031
	残差	0.379	3	0.126		
	总计	2.228	4			
二次	回归	2.227	2	1.113	1948.500	0.001
	残差	0.001	2	0.001		
	总计	2.228	4			
三次	回归	2.225	2	1.112	710.346	0.001
	残差	0.003	2	0.002		
	总计	2.228	4			

表3-18　参数估计

方程	因子	未标准化的系数	标准化系数	t	Sig
		B	Beta		
线性	X	0.002	0.911	3.826	0.031
	常数	5.850		5.713	0.011
二次	X	−0.013	−5.354	−21.928	0.002
	X^2	4107E-6	6.278	25.715	0.002
	常数	18.829		36.963	0.002
三次	X	−0.005	−2.255	−10.942	0.008
	X^2				
	X^3	7.580E-10	3.192		
	常数			25.392	0.002

			排除项		
三次	Beta In	t	Sig.	偏相关	最小容差
X^2	14.877	4.574	0.137	0.977	0.000

X：刀轴转速。

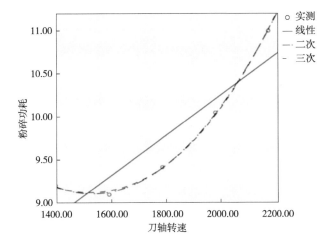

图3-17 不同刀轴转速对粉碎功耗的拟合

根据表3-18中各变量之间的线性系数估计，可知粉碎部件粉碎功耗Y与刀轴转速X之间的模型表达式（3-12）为：

$$Y = 18.829 - 0.013X + 4.107 \times 10^{-6} X^2 \qquad （3-12）$$

此模型拟合程度较好，显著性$P<0.01$，为差异性极显著，可决系数R^2为0.999。

由式（3-12）可知，此模型为开口向上的二次曲线，由拟合图可知模型在区间内存在最小值。对该模型表达式进行一次求导，可得（3-13）：

$$Y' = -0.013 + 8.214 \times 10^{-6} X \qquad （3-13）$$

令$Y'=0$，可知$X=1582$r/min。

由式（3-12）、式（3-13）以及图3-17可知，当洁区播种机碎秸部件工作时，保持其他条件不变时，随着刀轴转速的增加，洁区播种机碎秸部件粉碎功耗先减小后增大。当刀轴转速低于1582r/min时，$Y'<0$，粉碎功耗随着刀轴转速的增加而减小；当刀轴转速高于1582r/min时，$Y'>0$，粉碎功耗随着刀轴转速的增加而增加。

2）不同刀轴转速对秸秆粉碎长度合格率的影响

由表3-19、表3-20、表3-21可知，三次曲线模型超过容差限制而被剔除。二次曲线的可决系数R^2为0.998，二次曲线模型可决系数最高，拟合程度最高，最具有统计学意义，因此选取二次曲线模型。

表3-19 模型汇总

方程	R	R^2	调整R^2	估计值的标准差
线性	0.967	0.935	0.913	0.782
二次	0.999	0.998	0.996	0.159
三次	0.999	0.998	0.996	0.159

表3-20 方差分析

方程		平方和	Df	均方	F	Sig
线性	回归	26.244	1	26.244	42.882	0.007
	残差	1.836	3	0.612		
	总计	28.080	4			
二次	回归	28.030	2	14.015	557.409	0.002
	残差	0.050	2	0.025		
	总计	28.080	4			
三次	回归	28.030	2	14.015	557.409	0.002
	残差	0.050	2	0.025		
	总计	28.080	4			

表3-21 参数估计

方程	因子	未标准化的系数 B	标准化系数 Beta	t	Sig
线性	X	0.008	4.967	6.548	0.007
	常数	80.920		35.904	0.000
二次	X	0.040	4.803	10.529	0.009
	X^2	$-8.929E-6$	-3.845	-8.427	0.014
	常数	52.706		15.598	0.004
三次	X	0.040	4.803	10.529	0.009
	X^2	$-8.929E-6$	-3.845	-8.427	0.014
	X^3	/	/	/	/
	常数	52.706		15.598	0.004

排除项

方程	Beta In	t	Sig	偏相关	最小容差
三次					
X^3	7.414	1.582	0.358	0.846	0.000

X: 刀轴转速。

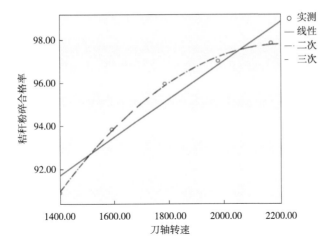

图3-18　不同刀轴转速对秸秆粉碎长度合格率的拟合

根据表3-21中各变量之间的线性系数估计，可知秸秆粉碎长度合格率Y与刀轴转速X之间的模型表达式（3-14）为：

$$Y = 52.706 + 0.040X - 8.929 \times 10^{-6} X^2 \qquad （3-14）$$

此模型拟合程度较好，显著性$P<0.01$，为差异性极显著，可决系数R^2为0.998。

由式（3-14）可知，此模型为开口向下的二次曲线，由拟合图可知模型在区间内存在最大值。对该模型表达式进行一次求导，可得式（3-15）：

$$Y' = 0.040 - 17.858 \times 10^{-6} X \qquad （3-15）$$

令$Y'=0$，可知$X=2240$r/min。不在试验定义区间范围内，故取$X=2000$r/min。

由式（3-14）、式（3-15）以及图3-18可知，当洁区播种机碎秸部件工作时，保持其他条件不变时，随着刀轴转速的增加，洁区播种机秸秆粉碎长度合格率也不断增长。

4 全秸硬茬地机播输秸关键技术研究

4.1 碎秸输送物理特性测定

4.1.1 秸秆堆积密度测定

4.1.1.1 秸秆堆积密度测试依据

密度是指单位体积质量。按照气力输送的原理，输送的能耗随着物料密度的增大而增大、减小而减小。按照物料体积容积的不同，密度有3种表现形式，分别是真密度、视密度和堆积密度。

（1）真密度

即不包括内部空隙，材料在绝对密实状况下单位体积物质的真实质量。

（2）视密度

即表示材料单位表观体积质量，包括内部封闭孔隙。

（3）堆积密度

同时包括颗粒内部与颗粒间空隙的单位体积原料的质量，反映的是自然状态下的单位体积原料的质量。通常，物料的堆积密度取决于其粒度的大小，粒度小堆积密度大，这是由于粒度小，粒子与粒子之间越紧凑，间隙越小；另外，物料均匀度的好坏决定了堆积密度的大小。

由于秸秆物料是由很多的散粒体聚集而成，因此物料间存在空隙，且秸秆物料在被抛送的过程中可能会成群团形状，并且空气会充溢在物料之间以及群团的内部。所以，常采用物料的堆积密度进行设计计算。

4.1.1.2 试验仪器与方法

在全秸硬茬地碎秸跨越移位洁区播种机稳态作业中，在其排草口随机五次接取粉碎后秸秆，每次接取样品不小于50kg。试验仪器采用电子秤和测量容器（容积为0.5m³）。测定秸秆的散料堆积密度，将秸秆装满测量容器，用钢板尺将高于测量容器边缘的秸秆去除，称重。根据秸秆的净重以及测量容器的容积，即可计算出秸秆的散料堆积密度。计算公式如式（4-1）所示：

$$\rho_d = \frac{M_2 - M_1}{V_C} \tag{4-1}$$

式中：ρ_d——秸秆的散料堆积密度，kg/m³；

M_2——容器及秸秆的质量，kg。

M_1——容器的质量，kg。

V_c——容器的容积，m³。

4.1.1.3 试验结果

试验测得数据如表4-1所示。

表4-1 农作物秸秆的散料堆积密度

秸秆种类	含水率/%	散料堆积密度/（kg/m³）					平均散料堆积密度/（kg/m³）
		1	2	3	4	5	
小麦	20.5	27.4	27.1	27.6	26.5	26.8	27.1
水稻	45.3	50.5	49.6	49.9	51.2	50.3	50.3
玉米	56.7	55.1	54.3	54.5	52.9	54.7	54.3

4.1.2 秸秆外摩擦角的测试

秸秆外摩擦角即秸秆物料相对不同材料的平板下滑时的倾角，也称滑动摩擦角，滑动摩擦系数为其正切值。输秸装置由钢材构成，所以只测试秸秆与钢板之间的滑动摩擦角。

测试秸秆与钢板之间的滑动摩擦角时使用的仪器为自制滑动摩擦特性试验台，如图4-1所示。

图4-1　滑动摩擦特性试验台示意

　　测试秸秆的滑动摩擦角的详细操作方法：将秸秆成团置放于斜置板中上部，厚度约50mm，缓缓摇动手柄带动绕线轴转动，斜置板连在绳索的一端缓慢升高，斜置板的倾角也就逐渐增大；当秸秆开始下滑时，测量此时平板与水平面的夹角，该夹角即为滑动摩擦角。每次试验重复3遍，取其算术平均值为一个点的测量值，以5次的总平均值为最终结果，见表4-2。

表4-2　农作物秸秆与钢板之间的外摩擦角

秸秆种类	含水率/%	算术平均摩擦角/°					总平均摩擦角/°
		1	2	3	4	5	
小麦	20.5	21.32	22.15	21.64	21.83	22.47	21.88
水稻	45.3	27.02	25.35	26.23	27.05	26.88	26.51
玉米	56.7	34.01	35.74	32.65	33.34	33.78	33.9

4.2　碎秸抛送数值模拟分析与优化

4.2.1　数学模型

　　流体的流动会被质量、动量与能量守恒这些定律所支配。湍流是自然界和工程中最最普遍存在的流体运动，当流体处在湍流状态时，系统还需遵守额外的湍流输送方程，本文中叶片式抛送装置内部的气流流动为湍流流动，湍流模型主要有以下3种形式：零、一以及两方程模型。上述这些定律可统称为控制方程。

由于此次计算的抛送装置进口与出口之间的温升较小，气流的流速也不算高，所以将流动介质视为不可压缩流体，且热交换量很小以至于忽略不计。因此，能量守恒方程可以不考虑。对于叶片抛送装置的计算模拟，控制方程包括连续性方程（质量守恒方程）、动量守恒方程、K方程和ε方程。

（1）质量守恒方程

现如今，对于流体计算方面已经有相当成熟的理论基础，任何流动问题都必须满足质量守恒定律。方程表达式如式（4-2）所示：

$$\frac{\partial \rho}{\partial t} + \frac{\partial (\rho \mu)}{\partial x} + \frac{\partial (\rho v)}{\partial y} + \frac{\partial (\rho w)}{\partial z} = 0 \qquad (4-2)$$

引入散度与矢量符号，即$\nabla \cdot \vec{a} = div(\vec{a}) = \partial a_x / \partial x + \partial a_y / \partial y + \partial a_z / \partial z$，式（4-2）可写成式（4-3）：

$$\frac{\partial \rho}{\partial t} + \nabla \cdot (\rho \vec{u}) = 0 \qquad (4-3)$$

式中：ρ——流体的密度，kg/m³；

t——时间，s；

$\vec{u}$——流体的速度矢量；

u、v、w——速度矢量$\vec{u}$在想x、y、和z方向的矢量。

上面给出的质量守恒方程是瞬态三维可压流体的。如果流体处于稳态，则密度ρ不随时间的变化而变化，式（4-2）可以简化为式（4-4）：

$$\frac{\partial (\rho u)}{\partial x} + \frac{\partial (\rho v)}{\partial y} + \frac{\partial (\rho w)}{\partial z} = 0 \qquad (4-4)$$

若流体为不可压缩介质，则密度ρ为常数，式（4-4）变为式（4-5）：

$$\frac{\partial u}{\partial x} + \frac{\partial v}{\partial y} + \frac{\partial w}{\partial z} = 0 \qquad (4-5)$$

（2）动量守恒方程（Navier-Stokes方程）

该定律本质上就是牛顿第二定律。形式如式（4-6）、式（4-7）、式（4-8）：

$$\frac{\partial(\rho u)}{\partial t} + div(\rho u \vec{u}) = div(\mu\, grad u) - \frac{\partial p}{\partial x} + S_U \qquad (4-6)$$

$$\frac{\partial(\rho v)}{\partial t} + div(\rho v \vec{u}) = div(\mu\, grad v) - \frac{\partial p}{\partial y} + S_V \qquad (4-7)$$

$$\frac{\partial(\rho w)}{\partial t} + div(\rho w \vec{u}) = div(\mu\, grad w) - \frac{\partial p}{\partial z} + S_W \qquad (4-8)$$

式中：μ——动力黏度，$N \cdot s/m^2$；$grad(\ ) = \partial(\ )/\partial x + \partial(\ )/\partial y + \partial(\ )/\partial z$；

S_U、S_V、S_W——广义源项，$S_U = F_x + S_x$，$S_V = F_y + S_y$，$S_W = F_z + S_z$，对于黏性为常数的不可压流体，$S_x = S_y = S_z = 0$；

F_x、F_y、F_z——微元体上的体力，当体力只有重力且方向为z负向，则有$F_x = 0$，$F_y = 0$，$F_z = -\rho g$；

p——流体微元体上的压力，pa。

（3）标准的k-ε湍流模型控制方程

本文所研究的抛送装置的内部流场属于湍流，所以在模拟计算时选用标准k-ε湍流模型，其耗散率ε和湍动能k方程如式（4-9）所示：

$$\frac{\partial(\rho k)}{\partial t} + \frac{\partial(\rho k u_i)}{\partial x_i} = \frac{\partial}{\partial x_i}\left[\left(\mu + \frac{\mu_t}{\sigma_k}\right)\frac{\partial k}{\partial x_j}\right] + G_k - \rho\varepsilon \qquad (4-9)$$

$$\frac{\partial(\rho\varepsilon)}{\partial t} + \frac{\partial(\rho\varepsilon u_i)}{\partial x_i} = \frac{\partial}{\partial x_j}\left[\left(\mu + \frac{\mu_t}{\sigma_\varepsilon}\right)\frac{\partial\varepsilon}{\partial x_j}\right] + \frac{C_{1\varepsilon}\varepsilon}{k}G_k - C_{2\varepsilon}\rho\frac{\varepsilon^2}{k} \qquad (4-10)$$

其中 $$G_k = -\rho u_i' u_j' \frac{\partial u_j}{\partial u_i} \qquad (4-11)$$

式中：G_k——由时均速度梯度产生的湍动能，J；

σ_k、σ_ε——k方程与ε方程的湍流Prandtl数；

S_k、S_ε——源项，这里是湍动应力和黏性应力，N/m^2。

在标准的k-ε模型中，模型有关参数的取值分别为：$C_{1\varepsilon}$=1.44，$C_{2\varepsilon}$=1.92，C_μ=0.99，σ_k=1.0，σ_ε=1.3。

4.2.1.1 计算模型与网格划分

本文中数值模拟的对象为全秸硬茬地碎秸跨越移位洁区播种机中输秸装置，即叶片式抛送装置，选取介质的流动空间作为计算区域（图4-2）。

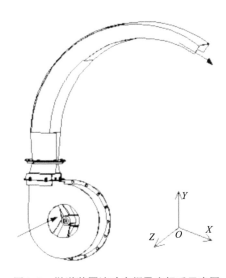

图4-2 抛送装置流动空间及坐标系示意图

气流从进口开始流入，流经叶轮、圆形蜗壳出口以及出料管道。模拟时所采用的尺寸均为实际值，其部分结构参数如表4-3所示。

表4-3 叶片式抛送装置部分结构参数

项目名称	参数
进口直径/mm	295
叶轮直径/mm	600
叶片有效宽度/mm	145
叶片厚度/mm	5
叶片数	3
叶片倾角/°	0
蜗壳宽度/mm	180

（续表）

项目名称	参数
蜗壳开口尺寸/mm	180
蜗壳直径/mm	630
叶轮旋转速度/（r/min）	2000
弯管直径/mm	2000
抛送管道宽/mm	200

由于抛送装置的结构较为复杂，尤其是抛送叶轮。因此，首先在三维建模软件UG中建立抛送装置中结构较为复杂的三维模型，如抛送叶轮、出料管道、蜗壳（图4-3）。

 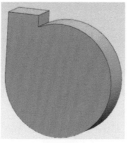 

（a）抛送叶轮实体模型　　　　（b）蜗壳实体模型　　　　（c）出料管道实体模型

图4-3　抛送装置三维模型

然后将UG所生成的实体模型转化成STEP格式，导入到前处理软件GAMBIT（网格划分软件）中，在GMBIT中通过其中的移动、旋转与布尔命令得到计算区域的实体模型（图4-4），考虑到在数值计算时，弯管出口处会出现气流回流的现象，因此，在建立其模型时增大了出口的计算体积。

由于叶片式抛送装置的计算区域较为复杂，划分网格时将其划分为5个部分，进口区、抛送叶轮区、蜗壳区以及直管与下弯管区。划分网格时采用适应

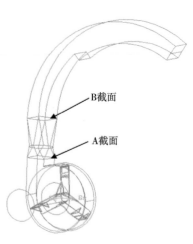

图4-4　抛送装置计算区域

性较强，应用较为广泛的非结构化和混合网格。并根据计算区域的大小以及重要性采用大小不同的网格尺寸，整个计算区域的网格数为564473个，如图4-5所示。

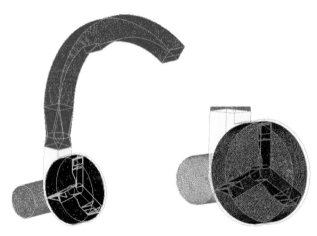

（a）计算区域网格　　　　　　（b）局部网格放大

图4-5　叶片式抛送装置网格划分

GAMBIT中，网格质量可以通过网格的等角偏斜度（EquiAngle Skew）来进行评估，其值在0（完美网格）到1（退化网格）之间变化。经GAMBIT中的检查命令得知，网格的等角偏斜度都小于0.85，网格质量良好（表4-4）。

表4-4　计算区域网格划分方法与质量评价

流体区域	划分方法	网格数	最差等角偏斜度
进口流道	非结构化网格	48800	0.424649
蜗壳流道	混合网格	102133	0.731261
抛送叶轮流道	混合网格	247666	0.838391
抛料下管道流道	混合网格	63774	0.744157
抛料上管道流道	结构化网格	102100	0.479752

4.2.1.2　计算方法与边界条件

抛送装置的计算模型包含旋转与静止区域，计算时运用MRF（多重参考坐标系）模型，将旋转叶轮区域设置在运动坐标系中，剩下的所有区域处在静止状态，设置在固定坐标系中，并且动、静计算区域之间的连接方式设置为interface；因抛送装置的气流入口、出口直接与大气相接触，所以将入口设置为压力入口，出口设置压力出口，初始压力相对大气压力为0，大气压力设定为101325Pa。

运用有限体积法离散控制方程，对该装置的内部气流进行稳态隐式和非耦合求解。考虑到分子黏性对壁面附近区域的影响，因此运用标准壁面函数法对抛送装置近壁区域的流动进行模拟分析，动量、耗散率和湍动能的离散格式均设置为精度较高的二阶迎风格式，运用SIMPLE算法对压力-速度耦合进行求解。

4.2.1.3　收敛条件

在计算过程中，可以通过统计出流经各进出口的空气质量流量，并计算两者的代数差以及误差比，当误差比小于0.1%时，即可认为计算结果是收敛的。表4-5列出了转速为1600r/min以及2000r/min时进出口的流量与误差比，从表中可以看出两种转速下的误差比远远低于0.1%，表明计算已经达到了很好的收敛，计算结果是准确的。

表4-5　进出口流量与误差比

转速/（r/min）	边界	流量/（g/s）	误差/（g/s）	误差比/%
1600	inlet outlet	1049.5255 −1049.5297	−0.0042	0.0004
2000	inlet outlet	1316.0086 −1316.00684	0.00176	0.00013

4.2.2　计算结果与分析

4.2.2.1　计算方案的设计

由于叶片式抛送装置中物料能否被顺畅抛出以及影响其功耗的关键因素之一是其气流速度，而叶轮的结构形式及其转速的大小是整个装置中气流速度的大小与分布的关键影响因素。所以，模拟主要是改变抛送叶轮的结构形式以及其转速的大小，且每个模型的网格生成方法、边界条件设置与原模型一致进行数值计算，以获得气流速度大小和分布与抛送叶轮之间的关系。计算方案如表4-6所示。

表4-6　计算与试验方案

项目名称	叶轮转速/（r/min）	叶轮外径/mm	叶片数目/个	叶片倾角/°	叶片有效宽度/mm
方案一	1600、1800、2000、2200、2400	600	3	0	145
方案二	2000	600	3、4、5	0	145
方案三	2000	450、530、600	3	0	145
方案四	2000	600	3	-15、-10、-5、0、5、10、15	145

0°表示为径向叶片，负号表示为前倾叶片。

4.2.2.2　原模型计算结果与分析

由于FLUENT中的可视化信息基本是以平面为基础，所以，当数值模拟计算区域后，为了显示以及输出计算结果，需生成各种类型的平面。图4-6中（a）、（b）、（c）分别为Z=-70mm、Z=0、Z=70mm的速度矢量图。从图中可以看出，气流速度沿叶轮径向方向由内向外逐渐升高，主要是由于高速旋转的抛送叶轮使气流质点在离心力的作用下获得动能所造成的。另外，蜗壳出料口处外侧的气流速度较内侧处高，这主要是因为高速旋转的叶片末端靠近蜗壳出料口外侧。

从图4-6（c）图即Z=70mm平面处的速度矢量图中可以观察到较为明显的涡流，造成上述现象的原因是其靠近进料口处与叶片数有限。进口处的气流沿着轴向方向进入叶轮后，在抛送叶轮的作用下改变90°方向沿着叶轮径向方向流动。从Z=-70mm和Z=0平面的速度矢量图也可以看出少量的涡流，造成这种现象的主要原因是叶片数目有限。所以，可以同过叶片数量的增加以减少叶轮区处的涡流，降低能量的损失，进而得到更有利的抛送秸秆物料的气流流场，但是叶片数量不能无休止的增加，当增加到一定的数量后，进口流量的大小将与叶片数目成反比状况。

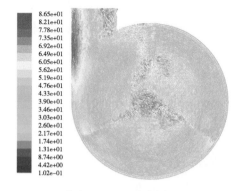

（a）Z=-70mm的速度矢量

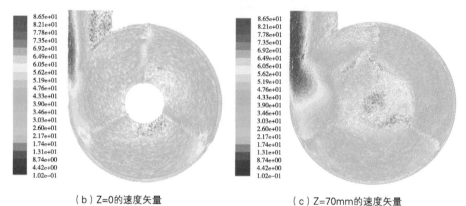

（b）Z=0的速度矢量　　　　　　　　　　（c）Z=70mm的速度矢量

图4-6　速度矢量

表4-7　A截面与B截面上D线、E线、F线上的平均气流速度

截面	平均气流速度/（m/s）		
	D	E	F
A	28.56	23.44	41.83
B	19.3	24.98	37.95

　　表4-7为A截面和B截面上D线、E线、F线上的平均气流速度，图4-8和图4-9分别为A截面和B截面上D线、E线、F线（图4-7）位置上的气流速度分布散点图。由表及图可以看出，D线和F线的气流速度较E线的高，即A截面两侧的气流速度比中间区域的高，这是由于A截面离

抛送叶轮轴心较近，当气体分子进入蜗壳后，随着抛送叶轮一起旋转，由于叶片与蜗壳两侧板内壁之间的间隙较小，所以大量的气体分子堆积于两个叶片之间，当叶片旋转到蜗壳出口时，气体分子在旋转叶片的作用下，向叶片两侧以及叶片尾端分离，导致A截面两侧的气流速度较高，并且远离叶轮轴心一侧的蜗壳出料口的气流速度较近距离一侧的高；F线上的气流速度最高，这由于其靠近进风口一侧。B截面气流速度分布趋势与A截面大体相同，F线最高，但E线较D线的高，这也说明距离气体进口处较近的一侧气流速度较高，远离一侧较小，但B截面上线速度总体上较A截面的小，因为B截面距抛送叶轮的叶片末端较远。

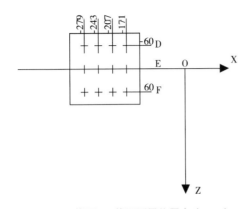

图4-7　A截面、B截面测量位置点（mm）

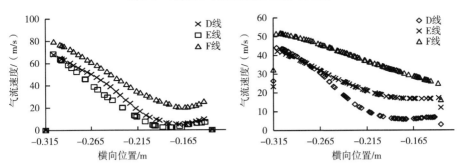

图4-8　A截面D线、E线、F线气流速度散点　　图4-9　B截面D线、E线、F线气流速度散点

4.2.2.3　叶片数目的影响

根据大量的文献资料可知，通常情况下抛送装置中叶片个数取3、4

或5。因此，在其他条件不变的前提下，分别做了叶片数为3、4和5的数值模拟，即表4-6中方案二。

图4-10中（a）、（b）和（c）为3种叶片Z=0的速度矢量图。由图可以得知，3种叶片的内部流场分布基本一致，气流速度沿叶轮径向方向由内向外逐渐升高，并且远离叶轮轴心一侧的蜗壳出料口的气流速度较近距离一侧的高；只是采用4叶片时，其内部速度矢量分布更为均匀，存在更为少量的涡流，这主要是因为4叶片的轴对称性好；另外，叶片数为3、4和5时，其对应的A截面的气流速度的平均值分别为27.8m/s、29.5m/s和33.11m/s，可知当叶片数越多时蜗壳出口处的气流速度也就越大，由于进口流量会随着叶片数的增加而增大，而A截面的截面积一定，所以气流速度会随着增大，可是当叶片增加到一定的数量时，进口流量反而降低。

图4-10　不同叶片数Z=0mm的速度矢量

4.2.2.4　叶片直径和转速的影响

叶轮转速和叶片直径是蜗壳出口处气流速度大小的关键影响因素。因此，在不改变其他任何结构及参数的前提下，分别对叶片直径为450mm、530mm以及600mm的模型进行了数值模拟，即表4-6中的方案三；同样，又做了抛送叶轮转速为1600r/min、1800r/min、2000r/min、2200r/min和2400r/min的五种数值模拟，即表4-6中的方案一。

表4-8　不同转速与直径下的A截面平均气流速度

叶轮直径/mm	A截面平均气流速度/（m/s）				
	1600r/min	1800r/min	2000r/min	2200r/min	2200r/min
600	22.17	25	27.8	30.63	33.45
530			22.66		
450			18.3		

由表4-8及图4-11和图4-12可以得知，叶片直径为530mm与450mm时，气流速度的分布较叶片直径为600mm时的均匀，但截面A的平均气流速度较低，不利于秸秆的抛送；另外，叶轮的旋转速度越高，截面A的平均气流速度就越大，这是由于转速越高，气体分子获得的动能也就越大，因此转速较高时有利于秸秆的抛送。

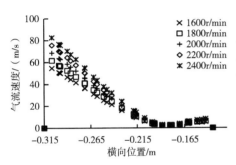

图4-11　各叶片直径A截面中线速度散点

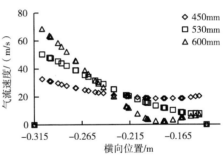

图4-12　不同转速A截面中线速度散点

4.2.2.5　叶片倾角的影响

抛送装置中抛送叶轮的叶片有多种结构形式，有前倾、径向以及后倾三种。在不改变其他尺寸的前提下，分别对倾角为-15°、-10°、-5°（负数表示倾角为前倾）、0°、5°、10°以及15°进行了数值计算，分别得到不同倾角下截面A的平均气流速度，如表4-9所示。

表4-9　不同倾角下的A截面平均气流速度

倾角/°	-15	-10	-5	0	5	10	15
平均气流速度/（m/s）	28.07	28.16	28.02	27.8	27.81	27.67	27.68

由表4-9可知，不同倾角下的A截面的平均气流速度大小基本保持一致，也即出口流量基本保持一致，所以，改变叶片倾角对蜗壳出口处的气流速度的改变可以忽略，对影响物料的抛送并不明显。

4.2.3 抛送装置气流流场的试验研究

由前文可知，出料管处的气流流场及其速度大小是影响物料能否顺畅抛送与整个装置能耗的关键因素。所以，为了验证数值计算的可靠性，同时也为了更进一步弄清该装置出料管处的气流分布与叶片结构形式以及抛送叶轮转速之间的密切关系，对其进行了试验研究。

4.2.3.1 试验设备与仪器

试验是在自制的抛送装置试验台上进行的。测试时无物料，即不运转喂料装置。运用风速仪进行测量（图4-13）。

图4-13 风速仪

4.2.3.2 试验方法

做抛送装置气流的流速试验时，选取自制试验台上出料管道处A截面、B截面为测试位置，如图4-14所示。当将原点定义在抛送装置的轴心处时，A截面、B截面分别是$y=350mm$和$y=712mm$处的水平面。测点的选取主要是分别将A截面、B截面中的D线、E线和F线等分为5段，其中间4个点为流速测试点，共12个测点。A-A截面上中心线上即E线各测点的坐标分：1.（-279，350，0）、2.（-243，350，0）、3.（-207，350，0）、4.（-171，350，0），单位mm。B-B截面上中心线上即E线各测点的坐标分：1.（-279，712，0）、2.（-243，712，0）、3.（-207，712，0）、4.（-171，712，0），单位mm。

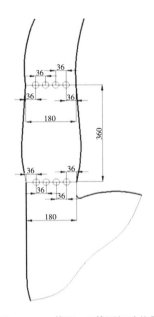

图4-14　A截面、B截面打孔位置

由于测试时，需要测抛送装置出料管道内部的流速大小。所以试验前，需在试验台的出料管道处A截面、B截面的侧面打孔，打孔位置如图4-14所示。测试时，只运转抛送装置部分，待抛送装置运转平稳后，将风速仪的侧杆分别插入A截面和B截面的孔中，可在侧杆上做标记来确定侧杆探头插入的深度，然后逐点进行测试。测量过程中，轻轻旋转侧杆，使气流的来流方向与探头垂直。每个点重复测试3次，取3次测试结果的算术平均值为最终测试结果，并记录。考虑到试验台的成本及实际情况，此次只测量了不同转速和不同叶片倾角下的A截面、B截面的气流速度，即表4-6中的方案一与方案四。

4.2.3.3　模拟结果与试验值的比较分析

当转速为1600r/min、2000r/min时，抛送装置中的A截面、B截面上

D线、E线、F线的气流速度散点图分别如图4-15至图4-26所示，且与实测值做了比较。从图中可以得知，气流速度的模拟值与实测值的分布规律大体相同，只是远离叶轮轴心抛料管道的模拟值较实测值大，造成这种现象的原因是由于在进行数值模拟时简化了模型，忽略了紧固件、零件连接处微小缝隙的空气泄漏。模拟值在靠近叶轮轴心抛送管道处要比实测值小，这是由于高速旋转叶轮轴心处的吸力较大，致使蜗壳两侧板向内发生弯曲变形，间隙增大，导致更多的气流流量从转轴中心进入，所以两者相比之下，实测值总体上比模拟值的大。另外，F线的实测值与模拟值之间的差距较大，E线次之，这是因为F线靠近进料口，在抛送叶轮高速旋转时，进料口处的弯曲变形较大，流进抛送装置内部的气流流量增大，致使F线上两者之间的差距较大。另外，随着抛送叶轮的转速增高，侧板发生的弯曲变大，进入的气流流量也就越大，这也是导致转速为2000r/min时实测值与模拟值差距比1600r/min大的原因。B截面与A截面相比，B截面的差距较小，这是因为B截面的位置相对A截面的高，与抛送叶轮轴心较远，受到的影响较小。

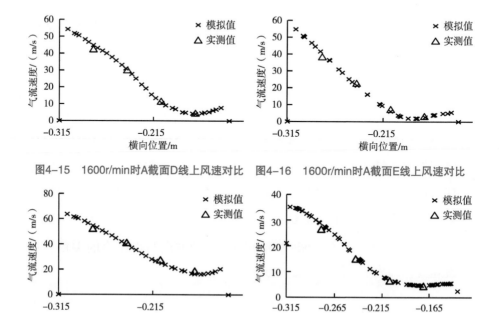

图4-15　1600r/min时A截面D线上风速对比　图4-16　1600r/min时A截面E线上风速对比

图4-17　1600r/min时A截面F线上风速对比　图4-18　1600r/min时B截面D线上风速对比

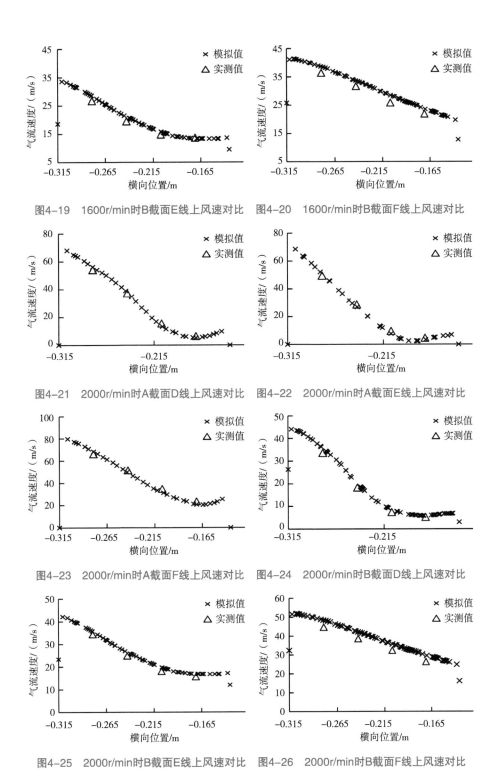

图4-19　1600r/min时B截面E线上风速对比　　图4-20　1600r/min时B截面F线上风速对比

图4-21　2000r/min时A截面D线上风速对比　　图4-22　2000r/min时A截面E线上风速对比

图4-23　2000r/min时A截面F线上风速对比　　图4-24　2000r/min时B截面D线上风速对比

图4-25　2000r/min时B截面E线上风速对比　　图4-26　2000r/min时B截面F线上风速对比

总的来说，大部分测点实测值与模拟值的相对误差均在10%以内，只有F线上的气流速度的实测值与模拟值的差距相对较大，由此可见抛送装置进行数值计算是合理的。

4.2.3.4 试验结果与分析

图4-27和图4-28分别为不同转速下A截面、B截面上E线的风速对比，由图可知，抛送叶轮的转速越高，A截面、B截面上E线测点的气流速度就越大。这由于气体分子获得的离心力会随着叶轮转速的增加而增加，获得的动能越大，相应的气流速度也就越大，也就越有利于秸秆物料的抛送，这与数值模拟得到的结果是一致的。

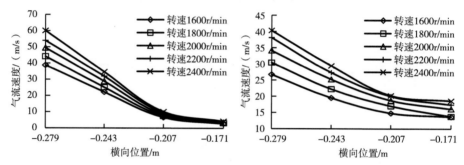

图4-27　各转速A截面E线上风速对比　　图4-28　各转速B截面E线上风速对比

当叶轮外径为600mm、叶片宽145mm、径向叶片、叶轮转速分别为1600r/min、1800r/min、2000r/min、2200r/min和2400r/min时，A截面平均气流速度为24.9m/s、28m/s、31.3m/s、34.6m/s和37.8m/s。

当叶轮外径为600mm、叶片宽145mm、转速为2000r/min、叶片倾角分别为前倾5°、10°、15°及后倾5°、10°、15°时，A截面的平均气流速度分别为31.6m/s、31.5m/s、31.8m/s和31.4m/s、31.1m/s、31.2m/s，其大小基本一致，并与数值模拟的结果有着相同的趋势，只是较模拟值稍大。

4.3　碎秸输送功耗试验研究与优化

4.3.1　抛送管道结构优化

在抛送过程中，管道的结构直接影响管道内秸秆的运动轨迹与速度。在样机试验以及实际生产实践中，抛送管道出现壅堵的情况时有发生。在发生壅堵后，必须通过人工清理的办法，取出壅堵在管道内部的秸秆。长此以往，必然会耽误农时，且增加农民成本。因此，为保证机具在抛送环节能顺利进行，确保其顺畅性，需要对秸秆管道进行优化设计。

4.3.1.1 抛送管道结构优化设计

由整机工作流程可知，为使管道抛出的秸秆能够从上方跨过播种施肥设备，并实现均匀后抛。则管道的上出口必须在播种机上方一定高度，且向后下方延伸一定倾角，若管道出口相对于抛送叶轮中心高度太低，则会导致抛撒机构工作不充分，导致抛撒不均匀；若向后延伸距离过短，则会导致秸秆喷出水平距离不够，而落在播种机上；若管道过长，则秸秆在管道中不断消耗动能，速度过小而加剧管道壅堵。经设计研究，机具抛送管道尺寸需满足如下设计要求：抛送管道出口最下端与叶轮转轴中心的垂直距离需大于1100mm，水平距离需大于1000mm，抛送管道直管部和弯管部的总长应小于3000mm。抛送管道出口中心线的方向与水平线的夹角为-30°。依据此种要求并充分考虑作业的可行性，设计了2种抛送管道，如图4-29所示。

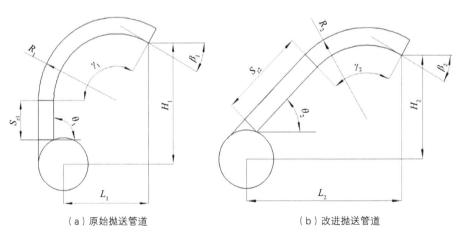

（a）原始抛送管道　　　　　　（b）改进抛送管道

图4-29　抛送管道结构

如图4-29所示，假设抛送叶轮壳体直径和抛送管道横截面面积均相同，壳体直径取640mm，横截面积取357mm。图a是原始抛送管道结构图，其中S_{z1}为抛送管道直线部分长度，为475mm；θ_1为管道直线段与水平面夹角，为90°；R_1表示抛送管道的弯管部分的最大直径，为1000mm；γ_1代表弯管的弯转角度，为120°，β_1抛送管道出口中线与水平面夹角，为顺时针30°。根据以上条件可以测出，抛送管道出口最下端与叶轮转轴中心的垂直距离H_1为1465mm，水平距离L_1为1081mm，抛送管道直管部和弯管部的总长S_{y1}=2093mm，符合上述尺寸设计要求。图b为改进后的抛送管道结构图，其中S_{z2}为抛送管道直线部分长度，为1000mm；θ_2为管道直线段与水平面夹角，为45°；R_2表示抛送管道的弯管部分的最大直径，为1000mm；γ_2代表弯管的弯转角度，为75°，β_1抛送管道出口中线与水平面夹角，为顺时针30°。根据以上条件可以测的，抛送管道出口最下端与叶轮转轴中心的垂直距离H_2为1134mm，水平距离L_2为1080mm，抛送管道直管部和弯管部的总长S_{y2}=1308mm。符合上述尺寸设计要求。

通过对比可知，在其他条件相同，抛送管道横截面积也相同的条件下，有抛送管道总长度$S_1>S_2$，弯管段圆弧长$S_{y1}>S_{y2}$，弯管弯转角度$\gamma_1>\gamma_2$，因此，当机具工作时，气流克服原始抛送管道阻力的压力P_{i1}大于克服改进后管道阻力的压力P_{i2}。由于抛送叶轮外壳的尺寸完全相同，则两种管道内的全压完全相同，标记为P_q，见式（4-12）：

$$P_q = P_b + P_i \qquad (4-12)$$

式中：P_q——全压，单位Pa；

P_b——动压，单位Pa；

P_i——静压，单位Pa。

则可知全压一定时静压越大则动压越小，可得改进抛送管道的动压P_{b2}大于原始抛送管道的动压P_1。动压与风速的关系见式（4-13）：

$$P_b = 0.5 \times r_0 \times v^2 \qquad (4-13)$$

式中：r_0——管道内空气密度，单位kg/m³；

v——管道内风速，单位m/s。

因此改进抛送管道解构后，管道内风速得到了提升，可见改进后的管道结构更利于秸秆抛送。

4.3.1.2 抛送管道结构分析

为评价改进抛送管道与原始抛送管道的结构特性，分别对不同阶段秸秆在抛送管道中的速度变化进行分析。为简化分析，做如下假设：

①秸秆相对于气流方向无旋转和倾斜；

②忽略秸秆在管道中的势能变化；

③由于惯性和气流作用，秸秆在与抛送管道碰撞前始终保持直线运动。

如图4-30所示，以原始抛送管道结构为例，从动能损失角度对秸秆在管道内抛送速度的变化进行分析。

v_0为管道内平均风速，m/s；ε为碰撞角，°；m为秸秆质量，kg；F_r为秸秆沿管道圆弧段滑移时所受摩擦力，N；F_j为秸秆沿管道圆弧段滑移时所受气流推力，N；R为管道圆弧段半径，m；S为秸秆在管道圆弧段滑移的当前距离，m；S_y为秸秆在管道圆弧段滑移的总距离，m。

图4-30　抛送管道运动分析

秸秆以较高的动能进入抛送管道后与空气剧烈摩擦，并在极短的距离减速至风速基本相同，设此时秸秆的动能见式（4-14）：

$$E_0 = \frac{1}{2}mv_0^2 \qquad (4-14)$$

式中：E_0——秸秆进入管道后的稳态动能，J；

$\quad\quad m$——秸秆质量，kg；

$\quad\quad v_0$——管道内平均风速，m/s。

然后秸秆与圆弧段管壁发生完全非弹性碰撞，碰撞能量损失见式（4-15）：

$$\Delta E = \frac{1}{2} m v_0^{\,2} \sin \varepsilon^2 \qquad (4-15)$$

式中：ΔE——秸秆与圆弧段管壁碰撞的能量损失，J；

ε——碰撞角，°。

然后秸秆沿抛送管道圆弧段滑移，滑移时所受为管道的摩擦力与气流推力，合力见式（4-16）：

$$F = F_r - F_f \qquad (4-16)$$

式中：F——秸秆沿管道圆弧段滑移时所受合力，N；

F_r——秸秆沿管道圆弧段滑移时所受摩擦力，N；

F_f——秸秆沿管道圆弧段滑移时所受气流推力，N。

其中

$$\begin{cases} F_r = f\left[(\frac{m}{R}(\frac{\mathrm{d}S}{\mathrm{d}t})^2 - mg\sin(\frac{S}{R}+\varepsilon) \right] \\ F_f = CA\rho\frac{v_r^{\,2}}{2} \\ v_r = v_0 - \frac{\mathrm{d}S}{\mathrm{d}t} \end{cases} \qquad (4-17)$$

式中：f——秸秆与管壁摩擦系数；

R——管道圆弧段半径，m；

S——秸秆在管道圆弧段滑移的当前距离，m；

C——气流阻力系数；

A——物料迎风面面积，m^2；

ρ——空气密度，kg/m^3；

v_r——秸秆与气流的相对速度，m/s。

则滑移段能量损失见式（4-18）：

$$\Delta E' = \int_0^{S_y} F \cdot S \mathrm{d}S \qquad (4-18)$$

式中：$\Delta E'$——秸秆在管道圆弧段滑移的能量损失，J；

S_y——秸秆在管道圆弧段滑移的总距离，m。

最终秸秆抛出动能见式（4-19）：

$$E_c = E_0 - \Delta E - \Delta E' = \frac{1}{2}mv_0^2\cos\varepsilon^2 - \int_0^{S_y} F \cdot S \mathrm{d}S \qquad （4-19）$$

式中：E_c——秸秆抛出时的动能，J。

由式（4-16）、式（4-17）、式（4-19）可以看出，秸秆从弯管抛出时的动能 E_c 与管道内的风速 v_0 成正相关，与碰撞夹角 ε 成负相关，与弯管内总长 S_y 成负相关。有图4-29和上述分析可知，$v_1 < v_2$，$\varepsilon_1 = \varepsilon_2$，$S_{y1} > S_{y2}$，则可得出秸秆从原始结构管道内抛出秸秆的动能 E_{c1} 小于从改进后管道抛出的秸秆动能 E_{c2}，所以秸秆抛送管道结构经改进后，在相同初速度的情况下，抛出速度得到提高，秸秆抛送性能更好。

4.3.1.3 对比试验与结果分析

为了对上述分析结果进行试验验证，特在相同作业条件的情况下，针对2种管道进行抛出速度对比试验，试验地点位于农业农村部南京农业机械化研究所东区实验室。

首先在空转的条件下针对2种管道结构进行风速测量，抛送叶轮转速设置为2000r/min，测量仪器为AR856型数字风速风量计，该测量计由SMART SENSOR公司生产，风速测量范围为0～45m/s，精度误差在3%以内，本试验中风速测量点位于抛送管道出口中线位置向下1cm处。

随后通过模拟试验测定2种管道结构抛出的秸秆速度，试验所用秸秆为江苏省农业科学院水稻收获后的碎秸，秸秆长度在120mm以下，含水率65%，将秸秆人工铺设在模拟试验田内，铺设规格为密度2kg/m²，幅宽2.2m，前进速度 v 为0.7m/s，叶轮转速2000r/min。秸秆抛出速度测量仪器为HiSpec5型高速摄像采集系统，该仪器由FASTEC IMAGING公司生产，在试验过程中使用HiSpec2Director软件进行摄像头控制，试验时设置摄像机分辨率1376×1132，曝光时间4998us，采样帧频率200fps，拍摄之后运用ProAnalyst Professional 2D视频处理软件和图像分析软件进行处理，得出其抛出速度。

试验数据如表4-10所示，由表中数据可知，经过改进后的抛送管道空载时的出口风速与模拟工作时的秸秆抛出速度均高于初始抛送管道，与上文分析结论一致。改进后的抛送管道可以在更低能耗条件下达到秸秆的最佳抛送速度范围。

表4–10　抛送管道对比试验结果

试验指标	风速/（m/s）	秸秆抛出速度/（m/s）
原始抛送管道	27.7	9.2
改进抛送管道	36.4	11.6

4.3.2　影响因子和试验指标的确定

对秸秆抛送管道进行优化之后，机具作业质量提高，功耗降低，但在试验中发现，机具在工作过程中的作业性能仍可以通过调配作业参数与管道结构进一步提高。在秸秆输送环节影响抛送机构性能的因素众多，且相互制约。为了满足功耗降低且秸秆抛送质量更好的要求，选取主要影响管道抛送环节的因素，进行单因素试验并确定其与机具功耗以及抛送作业质量的关系，同时分析各因素的主次关系，对抛送机构进行优化，寻求最佳机构与作业参数，为免耕播种机的后续优化提供参考。

4.3.2.1　影响因子的确定

影响免耕播种机抛送部件功耗的因素诸多，综合试验可行性与机具的作业特性。初步确定主要因素为叶轮转速n、秸秆喂入量m、抛送管道面积S。下面对以上因素进行详细解释。

（1）叶轮转速n

叶轮转速是指抛送叶轮在正常工作时的实际转速，不同的叶轮转速对设备抛送阶段的性能有着不同影响。叶轮转速过快时，功耗增大，过大量的能量被浪费，而且会导致秸秆抛出速度过大，无法均匀撒在播后区域，秸秆也就丧失了"准地膜"的作用；叶轮转速过低时，可能导致秸秆抛出速度过低，使秸秆落在播种机上，甚至引起管道堵塞，影响正常的田间作业进行。为了免耕播种机更好的作业，需对叶轮转速进行分析，叶轮转速的改变可通过调节拖拉机档位和油门大小来实现。

（2）秸秆喂入量m

秸秆喂入量是指作业中单位时间内处理秸秆的质量。在实际作业过程中秸秆喂入量要适中，秸秆喂入量过小，作业效率将低于国家规定标准，浪费能耗；秸秆喂入量过大，会造成输送部件无法及时排除秸秆，造成堵塞。在试验中，秸秆喂入量的大小，可通过模拟试验区秸秆的厚度来确定。

（3）抛送管道面积S

抛送管道面积是抛送管道内部的截面积，抛送管道面积的选取要合理。抛送管道面积过大，会增加整机配重，进而增加能耗；抛送管道面积过小，会影响管内接杆气体流动，空气无法形成顺畅的通路就无法在抛送叶轮的作用下将秸秆托起并抛出。在实际试验中，通过更换定制的同底座不同内部截面积的抛送管道来实现。

4.3.2.2 试验指标的确定

本试验选择秸秆长度、含水率、堆积密度基本相同的模拟试验地作为测区，测区长度在30m以上。在试验中将比功耗P_0和抛出速度V_p作为评价指标，指标计算方法如下。

（1）比功耗P_S

试验中，先用扭矩转速传感器测量不同工作参数下的秸秆清理输送装置的功耗P_j，然后拆除碎秸装置与秸秆输送装置之间的传动皮带。让机器在无抛送环节的情况下重复上述试验，测出此时功耗P_q，则此时的比功耗见式（4-20）：

$$P_0 = \left(P_z - P_w \right) / Q \qquad （4\text{-}20）$$

式中：P_0——秸秆输送装置比功耗，单位m^2/s^2；

$\quad\quad P_z$——秸秆清理输送环节总功耗，单位W；

$\quad\quad P_w$——秸秆输送装置以外部件的功耗，单位W；

$\quad\quad Q$——喂入量，单位kg/s。

（2）抛出速度V_P

不同工况下的秸秆抛出影像可有高速摄影采集系统进行记录（图4-31），之后再运用视频处理软件ProAnalyst Professional 2D来进行分析，获取其抛送速度V_P。

图4-31　抛出速度的测定

4.3.3　参数试验优化与结果分析

试验地点为农业部南京农业机械化研究所东区，选取江苏农业科学院内试验田收获后的切碎秸秆作为试验样本，长度在120mm以下，含水率在65%左右。在人工模拟田内进行人工铺设，机具幅宽为2.2m，前进速度预设为0.7m/s。

试验仪器和设备包括拖拉机、电子天平、卷尺（100m）、SL06型转矩转速传感器（北京三晶联合科技有限公司生产，数据分析软件为CatmanEasy V4.2.1，试验时设置采样频率100Hz）、HiSpec5型高速摄像采集系统（FASTEC IMAGING公司生产，摄像机控制软件HiSpec2Director，视频处理软件ProAnalyst Professional 2D，试验时设置分辨率1376×1132，曝光时间4998us）。

4.3.3.1　试验设计

在上述单因素分析的基础上，依照Box-Benhnken中心组合设计理论，以比功耗Y_1、抛出速度Y_2为响应值，对抛送叶轮转速X_1、喂入量X_2、抛送管道截面积X_3开展响应面试验研究。试验中，通过改变档位、调整油门来控制叶轮转速，通过调整模拟田人工铺设的秸秆厚度来控制喂入量，通过更换不同抛送管道来调整管道截面积。采用三因素三水平二次回归正交试验设计方案，对影响机具抛送部件比功耗、抛出速度的3个主要因素进行参数组合优化。由单因素试验可知，当叶轮速度<1800r/min时，抛出速度太低，作业性能差；当叶轮速度>2700r/min时，机具比功耗过大；当秸秆喂入量<1.1kg/s时，抛送装置可以直接将秸秆抛出，大量能耗被浪费，比功耗较大；当秸秆喂入量>1.7kg/s时，设备易产生堵塞风险，且比功耗较大；当抛送管道截面积<207cm²时，抛送叶轮静压较大，抛送叶轮动压变低，因此气流速度降低，且抛送速度较低；当抛送管道截面积>507cm²时，抛送叶轮动压过大，比功耗增加。因此抛送叶轮转速选取1800～2700r/min；秸秆喂入量选取1.1～1.7kg/s；抛送管道截面积选取207～507cm²。响应面试验因素与水平见表4-11。

表4-11　响应面试验因素与水平

试验水平	抛送叶轮转速X_1/（r/min）	喂入量X_2/（kg/s）	抛送管道截面积X_3/cm²
-1	1800	1.1	207
0	2250	1.4	357
1	2700	1.7	507

秸秆抛送装置的比功耗，即机具处理单位质量秸秆所需功耗，这个指标决定整机动力的选取，而秸秆抛出速度反映了输秸装置的顺畅性，因此本试验选择比功耗Y_1和抛送速度Y_2作为秸秆输送装置指标评价试验。指标采集方式如图4-32所示其中比功耗通过扭矩转速传感器获得。扭矩转速传感器安装在拖拉机后动力输出轴与免耕播种机的变速箱动力输入轴之间，高速摄像采集系统焦点与抛送管道出口等高且对正，放置在免耕播种机前进路径一侧。

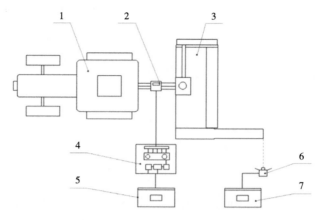

1.动力输入装置；2.转矩转速传感器；3.清秸输送装置；4.信息数据采集箱；
5.计算机A；6.高速摄像采集系统；7.计算机B

图4-32　测试装置安装方式

4.3.3.2　试验结果与分析

（1）试验结果

根据Box-Behnken试验原理设计三因素三水平分析试验，试验方案包括17个试验点，其中包括12个分析因子，5个零点估计误差。试验数据通过Design-Expert 8.0.6软件进行二次多项式回归分析，并在之后利用响应面分析法对各个因素之间的相互性和交互效应进行分析研究，探寻其规律。试验方案以及响应值见表4-12。

表4-12　试验设计方案及响应值

序号	抛送叶轮转速X_1	喂入量X_2	抛送管道截面积X_3	响应值	
				比功耗$Y_1/$（m^2/s^2）	抛送速度$Y_2/$（m/s）
1	0	−1	−1	7.12×10^3	10.6
2	0	0	0	6.44×10^3	11.1
3	0	−1	1	7.16×10^3	11.6
4	0	1	−1	7.25×10^3	10.5
5	1	−1	0	18.09×10^3	13.2
6	0	0	0	6.36×10^3	11.1
7	0	0	0	6.39×10^3	11.2

序号	抛送叶轮转速X_1	喂入量X_2	抛送管道截面积X_3	响应值	
				比功耗Y_1/（m^2/s^2）	抛送速度Y_2/（m/s）
8	0	0	0	6.46×10^3	11.3
9	1	0	1	20.54×10^3	14.8
10	0	1	1	9.9×10^3	11.7
11	1	1	0	19.21×10^3	14.2
12	−1	−1	0	5.3×10^3	8.7
13	1	0	−1	16.93×10^3	13.1
14	−1	1	0	6.06×10^3	8.9
15	−1	0	1	5.34×10^3	9.8
16	0	0	0	6.73×10^3	11.4
17	−1	0	−1	5.14×10^3	8.2

（2）回归模型建立及显著性检验

运用Design-Expert 8.0.6.1软件建立抛送叶轮转速X_1、喂入量X_2、抛送管道截面积X_3对比功耗Y_1、抛送速度Y_2影响情况的二次多项式响应面回归模型，如式（4-21）、式（4-22）所示，对二次多项式回归方程进行方差分析。

$$Y_1 = 1.31 \times 10^5 - 99.48X_1 - 28948.44X_2 - 62.4X_3$$
$$+ 0.67X_1X_2 + 0.01X_1X_3 + 14.5X_2X_3 + 0.02X_1^2 \qquad （4-21）$$
$$+ 8661.11X_2^2 + 0.03X_3^2$$

$$Y_2 = 3.69 - 1.23 \times 10^{-3}X_1 + 2.14X_2 + 5.28 \times 10^{-4}X_3 +$$
$$+ 1.4 \times 10^{-3}X_1X_2 + 3.7 \times 10^{-7}X_1X_3 + 1.00 \times 10^{-6}X_1^2 \qquad （4-22）$$
$$- 1.92X_2^2 + 2.33 \times 10^{-6}X_3^2$$

由分析可知（表4-13），响应面模型中的比功耗Y_1、抛送速度Y_2模型$P<0.0001$，表明回归模型高度显著；失拟项P_1=0.0524、P_2=0.0509，均满足$P>0.05$，表明回归方程拟合程度高。因此，该模型可靠性较高，可以用该模型对输秸装置工作参数进行优化。

表4-13　回归方程方差分析

方差来源	Y_1				Y_2			
	平方和	自由度	F值	显著水平P	平方和	自由度m	F值	显著水平P
模型 Model	4.725×10^8	9	729.17	<0.0001	52.94	9	102.81	<0.0001
X_1	3.502×10^8	1	4863.43	<0.0001	48.51	1	847.89	<0.0001
X_2	2.820×10^6	1	39.17	0.0004	0.18	1	3.15	0.1194
X_3	5.281×10^6	1	73.34	<0.0001	3.78	1	66.09	<0.0001
X_1X_2	32400.00	1	0.45	0.5239	0.16	1	2.80	0.1384
X_1X_3	2.907×10^6	1	40.37	0.0004	0.003	1	0.044	0.8404
X_2X_3	1.703×10^6	1	23.65	0.0018	0.01	1	0.17	0.6884
X_1^2	1.015×10^8	1	1409.42	<0.0001	0.17	1	3.02	0.1259
X_2^2	2.558×10^6	1	35.53	0.0006	0.13	1	2.19	0.1825
X_3^2	1.526×10^6	1	21.19	0.0025	0.012	1	0.20	0.6661
残差	5.040×10^5	7			0.40	7		
失拟项	4.171×10^5	3	6.40	0.0524	0.33	3	6.52	0.0509
误差	86920.00	4			0.068	4		
总和	4.731×10^8	16			53.34	16		

　　P值得大小可用来反映各参数对回归方程的影响程度，其中当$P<0.01$时表明参数对回归模型极显著，当$P<0.05$时表明参数对回归模型极显著。比功耗Y_1模型中有8个回归项影响极显著（$P<0.01$），分别为X_1、X_2、X_3、X_1X_3、X_2X_3、X_1^2、X_2^2、X_3^2；有1个回归项对试验影响不显著（$P>0.05$）为X_1X_2；抛送速度Y_2模型中有2个回归项影响极显著（$P<0.01$），分别为X_1、X_3；有7个回归项对试验影响不显著（$P>0.05$），分别为X_2、X_1X_2、X_1X_3、X_2X_3、X_1^2、X_2^2、X_3^2。剔除模型中的不显著回归项，对比功耗Y_1、抛送速度Y_2进行优化，得式（4-23）、式（4-24）如下。优化后模型Y_1、Y_2的$P<0.01$，失拟向$P>0.5$，优化模型可靠。

$$Y_1 = 1.29 \times 10^5 - 98.91X_1 - 27448.44X_2 - 62.4X_3$$
$$+ 0.01X_1X_3 + 14.5X_2X_3 + 0.02X_1^2 + 8661.11X_2^2 \qquad （4-23）$$
$$+ 0.03X_3^2$$

$$Y_2 = 2.69 + 5.47 \times 10^{-3} X_1 + 4.58 \times 10^{-3} X_3 \qquad (4-24)$$

（3）因素对性能影响效应分析

由表4-13所示F值，分析可知各因素对试验指标的贡献率如表4-14所示。3个主要影响因素对比功耗Y_1的贡献率为抛送管道截面积X_3>抛送叶轮转速X_1>喂入量X_2，对抛送速度的贡献率顺序为抛送叶轮转速X_1>抛送管道截面积X_3>喂入量X_2。根据回归方程分析结果，利用Design-Expert8.0.6.1软件绘制响应面图，根据响应面图考察抛送叶轮转速、喂入量、抛送管道截面积交互因素对响应值Y_1、Y_2的影响。

表4-14 各因素贡献率分析

评价指标	各因素贡献率K			贡献率顺序
	抛送叶轮转速X_1	喂入量X_2	抛送管道横截面积X_3	
比功耗Y_1	2.50	2.42	2.90	$X_3>X_1>X_2$
秸秆抛送速度Y_2	2.00	1.00	1.55	$X_1>X_3>X_2$

1）交互因素对比功耗的影响规律分析

抛送叶轮转速X_1、喂入量X_2、抛送管道截面积X_3交互作用对试验指标比功耗Y_1的影响如图4-33所示。图4-33（a）所示为抛送管道截面积位于中心水平（357cm^2）时，抛送叶轮转速X_1和喂入量X_2的交互作用关于比功耗Y_1的响应面，从响应曲面可以看出，比功耗随着秸秆喂入量的增加先减小后增加，随着叶轮转速的增加迅速增加；图4-33（b）为喂入量位于中心位置（1.4kg/s）时，抛送叶轮转速与抛送管道截面积对比功耗Y_1交互作用的相应面图，从图4-33（b）可以看出，比功耗的降低可以通过减小抛送叶轮转速和减小抛送管道截面积实现；图4-33（c）为抛送叶轮转速位于中心位置（2250r/min）时，喂入量与抛送管道截面积对比功耗Y_1交互作用的相应面图，从图4-33（c）可以看出，比功耗随管道截面积的增加而增加，随着喂入量的增加而先减小后增加。

总体影响趋势为：抛送叶轮转速越高、抛送管道截面积越大，比功耗越高，而喂入量增加时比功耗先减少后增加。主要原因是：当抛送叶轮转速增加时，提供自身运行及推动气流与秸秆运动所消耗的能量越

4

全秸硬茬地机播输秸关键技术研究

多；当喂入量增加时，功耗一开始变化不明显，因而比功耗先下降，当喂入量增加到一定程度时，较多的秸秆在抛送叶轮蜗壳内无法被一次性抛出，导致功耗增加且增加速度超过喂入量的增加速度，因而比功耗随之增加；当抛送管道截面积越大时，抛送叶轮动压越高，气流速度越高，则比功耗越高。

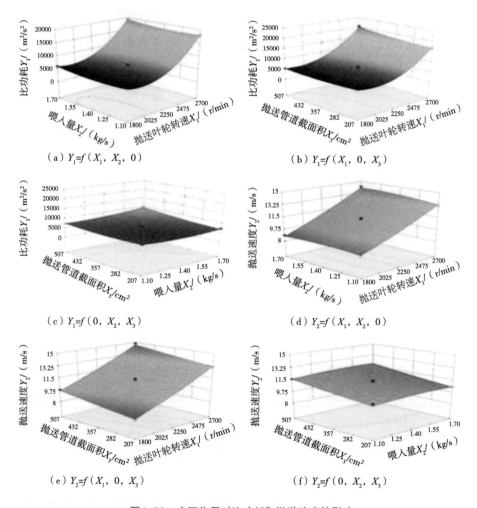

图4-33　交互作用对比功耗和抛送速度的影响

2）交互因素对抛送速度的影响规律分析

抛送叶轮转速、喂入量、抛送管道截面积交互因素对响应值Y_2影响的响应面曲线图见图4-33。图4-33（d）为抛送管道截面积位于中心位置（357cm²）时，抛送叶轮转速与喂入量对抛送速度Y_2交互作用的相应面图，从图4-33（d）可以看出，抛送速度随着抛送叶轮转速的增加而增加；图4-33（e）为喂入量位于中心位置（1.4kg/s）时，抛送叶轮转速与抛送管道截面积对抛送速度Y_2交互作用的相应面图，从图4-33（e）可以看出，抛送速度的增大可以通过增加抛送叶轮转速和增加抛送管道截面积实现；图4-33（f）为抛送叶轮转速位于中心位置（2250r/min）时，喂入量与抛送管道截面积对抛送速度Y_2交互作用的相应面图，从图4-33（f）可以看出，抛送速度随管道截面积的增加而增加。

总体影响趋势：抛送叶轮转速越高、抛送管道截面积越大，则抛送速度越高。主要原因：当抛送叶轮转速越高时，秸秆获得的初始动能越高；当抛送管道截面积越大时，抛送叶轮动压越高，气流速度越高，则抛送速度越高。

4.3.3.3 参数优化与验证试验

（1）参数优化

为达到最佳输秸性能，必须要求输秸装置比功耗较小、抛送速度较高，根据交互因素对比功耗及抛送速度影响效应分析可知：要获得较小的比功耗，就必须要求抛送叶轮转速低、喂入量适中、抛送管道截面积小；要获得较高的抛送速度，就必须要求抛送叶轮转速高、抛送管道截面积大。由于各因素对试验指标的影响不尽相同，因此，必须进行多目标优化，寻求满足输秸性能的最优参数组合。

本文按照比功耗最小、抛送速度最高的要求作为优化目标，开展输秸装置各参数优化研究。运用Design-Expert8.0.6.1软件对建立的2个指标的全因子二次回归模型最优化求解，约束条件：目标函数为$\min Y_1$、$\max Y_2$；变量区间为$-1 \leqslant X_j \leqslant 1$，其中$j=1$，2，3。优化后得到的各因素最优参数：抛送转速2272.26r/min，喂入量1.33kg/s，管道截面积507cm²，最优比功耗为8009.58m²/s²，抛送速度为12.02m/s。

（2）试验验证

为了验证模型预测的准确性，采用上述参数在农业农村部南京农业机械化研究所东区进行3次重复试验（考虑试验的可行性，将抛送叶轮转速设置为2270r/min、喂入量为1.3kg/s、抛送管道截面积为507cm²），如图4-34所示，取3次试验的平均值作为试验验证值，试验结果为比功耗7980m²/s²，抛送速度11.7m/s，相对误差分别为3.7%和2.7%。可以看出Y_1、Y_2的理论值与实际值非常接近，因此验证了模型的准确性，所得最优参数组合可以满足实际应用的需求。

图4-34　秸秆输送装置最优参数验证试验

5 全秸硬茬地机播碎秸覆还关键技术研究

5.1 碎秸抛撒装置试验研究与优化设计

5.1.1 均匀抛散装置结构配置

均匀抛撒装置实际装配如图5-1所示，抛撒叶轮1为空心套管结构，安装在回转轴2上，可根据不同茬作物秸秆便捷组配不同形式的抛撒叶轮；回转轴2通过连接支撑板3固定在秸秆提升装置输送管4出口处端部；作业时抛撒叶轮在输送管内气力作用就可实现高速旋转，将粉碎后的秸秆打散后均匀抛撒覆盖在播种后的田块上。

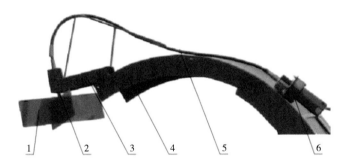

1.抛撒叶轮；2.回转轴；3.连接支撑板；4.输送管；5.软轴；6.调速电机

图5-1　均匀抛撒装置实际装配

上述非动力被动旋转设计可以满足全秸硬茬地播种玉米、花生要求，但在稻麦轮作区进行水稻全秸硬茬地播种小麦时，因稻秸秆量大、湿度高、韧性大、不易打散，设计带动力主动旋转形式，选配调速电机6，通过软轴5连接于回转轴3顶端，实现抛撒叶轮带动力主动旋转，且转速可调。

5.1.2 均匀抛撒装置关键参数单因素试验

为有效保证碎秸抛撒覆盖均匀性，需通过试验优化均匀抛撒装置结构形式、结构参数与运动参数。

5.1.2.1 试验设计

（1）试验方法及考核指标设计

全秸硬茬地秸秆碎输后抛式播种机播种小麦为一次播种12行，如若只局限于保证单次行程内碎秸抛撒均匀而过度打散，把过多碎秸抛撒至机具有效播种幅宽之外，会造成相邻播种带秸秆叠加覆盖，影响后期出苗，应尽可能保证秸秆在有效播种幅宽内实现较优均匀抛撒，即在12行播种带上方使得水稻秸秆均匀抛撒并覆盖。因此采用抛撒作业幅宽合格率P和覆秸不均匀度F两个指标共同表征播种机的抛撒均匀性能。

因目前还未有水稻全秸硬茬地工况下均匀抛撒技术的研究，根据实际作业工况，抛撒作业幅宽合格率指标P计算公式为：

$$P = \frac{M_1}{M_2} \times 100 \qquad (5-1)$$

式中：M_1——抛撒覆盖在机具单行程12行播种带上方（即有效播种幅宽，如图5-2中AB中点至CD中点的宽度）的秸秆质量，g；

M_2——有效播种幅宽内外总质量（即实际抛撒作业幅宽秸秆总质量），g。

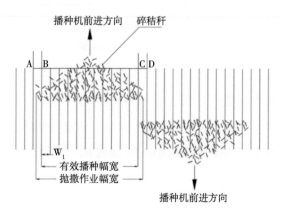

图5-2 抛撒作业幅宽示意

抛撒作业幅宽根据设备有效播种幅宽来确定，机具播种小麦为一次播种12行，播种带宽为1800mm（图5-2中BC段），两条播种带之间宽度W_1为164mm。为保证秸秆恰好均匀抛撒至12行播种带上方，即抛撒在有效播种幅宽内，理论抛撒作业幅宽应大于1964mm（图5-2中AB中点至CD中点的宽度），小于2128mm（图5-2中AD段）。

由于尚无专门全秸硬茬地播种作业标准，因此其抛撒覆秸均匀性考核指标覆秸不均匀度F的计算方法主要参考国家标准GB/T 24675.6—2009《保护性耕作机械 秸秆粉碎还田机》计算，式（5-2）、式（5-3）所示。覆秸不均匀度F的测试方法参考行业标准NY/T 500—2015《秸秆粉碎还田机 作业质量》以及《秸秆粉碎还田机秸秆抛撒不均匀度测试方法探讨》。

$$\overline{M} = \frac{\sum\limits_{i=1}^{n} M_i}{n} \tag{5-2}$$

$$F = \frac{1}{\overline{M}} \sqrt{\frac{\sum\limits_{i=1}^{n}(M_i - \overline{M})^2}{n-1} \times 100} \tag{5-3}$$

式中：n——测试小区数量（为更精确的测量秸秆是否均匀覆盖在播种带正上方，每个横向测试小区数量$n=6$）；

M_i——第i点测试小区的秸秆质量，g；

$\overline{M}$——测试区内各点秸秆平均质量，g；

F——覆秸不均匀度，%。

（2）试验条件

试验地点为农业农村部南京农业机械化研究所试验基地，前茬水稻收获后的秸秆含水率为65%，人工在模拟田铺设，铺设密度为2kg/m²，利用高速摄影仪从播种机的正上方观察秸秆抛撒均匀性效果。

5.1.2.2 抛撒叶轮结构形式及参数

因不同前茬作物秸秆本身的生物物理特性及秸秆量不同，需设计与抛出秸秆相适应的抛撒叶轮形式及叶轮数目以保证有效播种作业幅宽内秸秆抛撒均匀性。

（1）抛撒叶轮结构形式

设计如图5-3（a）所示板式叶轮，对于前茬小麦和玉米秸秆，其秸秆量少，湿度和韧性小，抛出的碎秸不易成团，由前期试验可知，采用板式抛撒叶轮即可实现秸秆均匀抛撒覆盖，抛撒作业幅宽合格率亦可达到70%以上，覆秸不均匀度在12%～17%，满足要求。

稻茬秸秆量远大于麦茬和玉米茬秸秆量，且水稻秸秆湿度和韧性大，粉碎后易成团，采用板式抛撒叶轮不易打散，碎秸成团抛出不能达到均匀覆盖，只通过参考撒肥等其他撒播设备抛撒叶轮的形式不能保证秸秆均匀抛撒，因此设计了杆齿式抛撒叶轮，如图5-3（b）所示，通过杆齿击打成团碎秸，利用其撕扯力，实现打散抛撒。

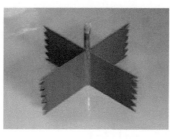 

（a）板式　　　　　　　　　　　（b）杆齿式

图5-3　板式和杆式抛撒叶轮

利用高速摄影仪对不同抛撒叶轮结构形式下水稻碎秸抛撒效果进行对比研究，结果如图5-4所示。

（a）四叶轮板式抛撒叶轮抛撒效果　　　（b）四排杆齿式抛撒叶轮抛撒效果

图5-4　板式和杆式抛撒叶轮对秸秆的抛撒效果

由图5-4可知，在叶轮回转轴转速、叶轮数目等其他试验条件相同的情况下，2种形式的叶轮对秸秆抛撒的有效范围不同，即抛撒作业幅宽不同，杆齿式呈分散的圆角四边形，且因杆齿式抛撒叶轮由4层互相垂直交叉的钢筋组成，形成3层空间，故被抛撒的秸秆呈层层分布；而板式抛撒叶轮对秸秆的抛撒范围近似呈锥形，且板式分布无层次感。由试验测试结果可知，板式和杆齿式抛撒叶轮作用下抛撒作业幅宽合格率分别为72.21%、70.46%，覆秸不均匀度分别为19.14%、14.74%。

分析原因为秸秆流动性远差于化肥和种子，属于细长形、带有柔韧性且容易穿插缠绕在一起的物料，遇到高速旋转的杆齿叶轮，在杆齿的携带和撕扯作用下易被打散后均匀覆盖于地表，而板式叶轮对碎秸的导向、撕扯和携带作用远小于杆齿式叶轮，虽然因作用力大，杆齿式叶轮的抛撒作业幅宽合格率较板式叶轮略低，但差异较小，且覆秸不均匀度亦较低。综合分析表明，对秸秆量和湿度、韧性大的水稻秸秆采用杆齿式抛撒叶轮，均匀抛撒覆盖性能优于板式叶轮。

（2）抛撒叶轮数目

定性分析可知抛撒叶轮数目越多，碎秸所受抛撒叶轮击打频率越高，覆秸不均匀度越低。但因秸秆不同于化肥等散状物料，粉碎后互相穿插、缠绕成团，抛撒叶轮数过多，叶轮间的空间越小，秸量大且成团的水稻碎秸进入抛撒叶轮，不能及时被抛出，造成堵塞，影响作业顺畅性；且受打击频率过高，被抛出的碎秸也易撒到有效播种作业幅宽外，不能满足作业要求。

为确定叶轮的最优数目，参考撒肥机及喷粉（播）机抛撒叶轮的数目，固定回转轴转速为1000r/min，选择无倾角直杆抛撒叶轮数目分别为3、4、5、6、8进行单因素试验，试验结果如表5-1所示。

表5-1 不同条件下单因素试验结果

叶轮数目n/片	叶轮倾角θ/°	叶轮回转轴转速r/（r/min）	抛撒作业幅宽合格率/%	覆秸不均匀度/%
3			22.11	87.53
4	0	1000	16.47	73.06
5			15.29	64.19

（续表）

叶轮数目n/片	叶轮倾角θ/°	叶轮回转轴转速r/（r/min）	抛撒作业幅宽合格率/%	覆秸不均匀度/%
6	0	1000	14.03	59.82
8			10.14	50.36
	−30		17.38	55.27
	−15		15.96	66.91
4	0	1000	14.26	69.14
	15		13.72	73.47
	30		13.18	76.89
		800	25.79	89.75
		900	21.25	87.23
4	0	1000	16.01	67.91
		1100	13.07	63.43
		1200	10.88	55.08

试验结果表明抛撒叶轮数目越多覆秸不均匀度越低，抛撒叶轮为3排时，因为叶轮间空间距离大，碎秸一部分卡在前叶轮已转过而后叶轮还未转到时，造成漏打，导致不均匀度高；在叶轮数目为8排时，覆秸不均匀度虽低且也未堵塞，但碎秸有很大一部分已落入有效播种作业幅宽外，不能保证碎秸覆盖在播种带上，因此在后续试验中需综合考虑当转速降低时，叶轮数目增多是否可达到在播种作业幅宽内秸秆均匀覆盖。

（3）抛撒叶轮角度

参考撒肥机及喷粉（播）机抛撒叶轮的倾斜设计，固定杆齿式抛撒叶轮排数为4排，每排4个杆齿，回转轴转速为1000r/min，对抛撒叶轮每排杆齿的不同倾斜角度进行了单因素试验研究，抛撒叶轮倾角θ示意如图5-5所示，分别设计了叶轮向下（后）倾30°、15°（即θ=−30°，−15°），无倾角（即θ=0°），向上（前）倾15°、30°（即θ=15°，30°），试验结果如表5-1所示。

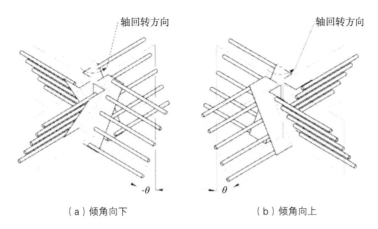

（a）倾角向下　　　　　　　　　　　　（b）倾角向上

图5-5　抛撒叶轮倾角θ设计

由试验结果可知，随着叶轮由下向上倾角的不断变化，不均匀度逐渐降低。但当向下倾角为30°时（即θ=-30°），不均匀度达25.79%，而当向上倾角为30°时（即θ=30°），均匀度虽然最低，但已有大量秸秆抛撒至有效播种幅宽外。由于叶轮向下倾角过大时，减少了秸秆落至地面的时间，使得秸秆来不及被完全打散就被抛撒出去，因此不均匀度高；当叶轮向上倾角过大时，在向上倾角杆齿的带动作用下，碎秸遇到向上倾斜的杆式不会直接做斜抛物线落至地表，而是会被导向斜上方抛出然后再落回地面，延迟了秸秆落入地面的时间，同时被杆齿携带更长的行程，因此虽秸秆抛撒更均匀，但同时也降低了抛撒作业幅宽合格率，因此倾角θ应设计在-15°~15°。

5.1.2.3　抛撒叶轮运动参数

影响抛撒装置秸秆覆盖均匀性的主要运动参数是抛撒叶轮回转轴转速。转速过高容易将秸秆抛撒至有效播种幅宽外，转速过低则不能保证秸秆在播种带上方均匀覆盖。由前期试验可知，在抛撒叶轮形式和数目相同的条件下，因水稻秸秆覆秸量大、湿度和韧性也大，故抛撒叶轮回转轴转速设定也大。在4排杆齿式无倾角设计的抛撒叶轮情况下，结合非动力被动旋转时空载转速和带动力主动旋转电机实际选配，分别选取抛撒叶轮回转轴转速为800r/min、900r/min、1000r/min、1100r/min、

1200r/min进行单因素测试，测得试验结果如表5-1所示。

由试验结果可知，随着抛撒叶轮回转轴转速的增加，覆秸不均匀度越低。针对试验用水稻秸秆，转速为800r/min时，虽近90%的秸秆都被抛撒覆盖在有效播种幅宽内，但该转速不足以使缠绕成团的秸秆充分被打散，因此覆秸不均匀度高；当转速增加到1200r/min时，大量的秸秆已被抛撒至有效播种幅宽外，不能保证秸秆覆秸在播种带正上方，故回转轴转速可选择在900~1100r/min。

5.1.3　抛撒装置作业参数综合优化

影响秸秆覆盖均匀性能的抛撒装置的结构和运动参数主要包括：抛撒叶轮数目n、抛撒叶轮倾斜角度θ、抛撒叶轮回转轴转速r。由前期试验可知，随着抛撒叶轮数目和回转轴转速的增加，都会增加叶轮对秸秆的打击导向频率，从而降低覆秸不均匀度，如果两者同时增加太多又会导致秸秆落在有效播种幅宽外，即抛撒作业幅宽合格率过低，抛撒叶轮的倾斜角度、叶轮数目以及回转轴转速共同配合，可实现在有效播种幅宽内达到最低的覆秸不均匀度和最高的抛撒作业幅宽合格率。因此为获得最优参数组合还需进行综合优化试验。

5.1.3.1　试验准备

抛撒装置作业参数综合优化试验与前文的单因素试验同时进行，因此试验方法、条件及考核指标同前期单因素试验一致，此处不再赘述。

5.1.3.2　试验方案与结果

在前期单因素试验基础上，选取抛撒叶轮数目n、抛撒叶轮倾斜角度θ、抛撒叶轮回转轴转速r为试验因素，抛撒作业幅宽合格率（以下简称作业幅宽合格率）Y_1和覆秸不均匀度Y_2为考核指标，开展三因素三水平二次回归试验设计。试验因素与水平设计如表5-2所示，试验方案与试验结果如表5-3所示。

表5-2 响应面分析因素和水平

因素	实际值	代码值	试验水平		
			-1	0	1
叶轮数目/片	Z_1	X_1	4	5	6
叶轮倾角/°	Z_2	X_2	-15	0	15
叶轮回转轴转速/（r/min）	Z_3	X_3	900	1000	1100

表5-3 试验设计方案及响应值

序号	叶轮数目X_1	叶轮倾角X_2	叶轮回转轴转速X_3	响应值	
				作业幅宽合格率Y_1/%	覆秸不均匀度Y_2/%
1	0	0	0	63.74	16.53
2	-1	-1	0	66.39	17.57
3	0	0	0	63.36	15.67
4	0	1	1	56.88	13.01
5	0	0	0	62.91	15.71
6	-1	0	-1	88.43	21.19
7	1	1	0	57.21	13.55
8	-1	0	1	62.78	12.56
9	0	-1	1	51.18	13.98
10	-1	1	0	73.58	14.39
11	0	1	0	69.32	15.24
12	1	0	1	57.75	12.79
13	1	-1	0	61.35	12.58
14	1	0	-1	70.69	17.06
15	0	-1	-1	78.63	19.56
16	0	1	-1	71.89	17.65
17	0	0	0	62.48	15.75

5.1.3.3 考核指标回归模型的建立与检验

利用Design-Expert 8.0.6软件的Box-Behnken试验原理对表5-3的试验结果进行分析，通过多元回归拟合建立了作业幅宽合格率Y_1和覆秸不均匀度Y_2的响应面模型，如式（5-4）和式（5-5）所示；并对模型的方程及回归系数进行了显著性检验，如表5-4所示，确定了最终的响应面模型。同时，利用响应面分析法着重分析了因素之间交互效应对指标的影响规律。

$$Y_1 = 63.71 - 5.41X_1 - 6.25 \times 10^{-3} X_2 - 10.11X_3 - 2.96X_1X_2 \\ + 3.04X_1X_3 + 2.94X_2X_3 + 2.92X_1^2 - 2.26X_2^2 + 3.26X_3^2 \tag{5-4}$$

$$Y_2 = 15.78 - 1.22X_1 - 0.64X_2 - 2.89X_3 + 1.04X_1X_2 + 1.09X_1X_3 \\ + 0.24X_2X_3 - 0.7X_1^2 - 0.55X_2^2 + 0.82X_3^2 \tag{5-5}$$

表5-4　回归方程方差分析

方差来源	Y_1				Y_2			
	平方和	自由度	F值	显著水平P	平方和	自由度	F值	显著水平P
模型 Model	97.13	9	32.97	<0.0001	1265.57	9	27.48	0.0001
X_1	11.83	1	36.15	0.0005	243.98	1	47.68	0.0002
X_2	3.24	1	9.89	0.0163	0.51	1	0.099	0.7626
X_3	66.82	1	204.11	<0.0001	821.14	1	160.48	<0.0001
X_1X_2	4.31	1	13.15	0.0084	32.09	1	6.27	0.0407
X_1X_3	4.75	1	14.52	0.0066	40.39	1	7.89	0.0262
X_2X_3	0.22	1	0.67	0.4385	38.69	1	7.56	0.0285
X_1^2	2.09	1	6.37	0.0396	32.28	1	6.31	0.0403
X_2^2	1.29	1	3.94	0.0874	26.28	1	5.14	0.0578
X_3^2	2.86	1	8.73	0.0213	32.58	1	6.37	0.0396
残差	2.29^5	7			35.82	3		
失拟项	1.42	3	2.17	0.2341	4.19	4	0.18	0.9069
误差	0.87	4			31.62	4		
总和	99.43	16			1301.39	16		

由表5-4分析可知，响应面模型中的作业幅宽合格率Y_1、覆秸不均匀度Y_2模型显著性P值分别为$P=0.0001$、$P<0.0001$，失拟项P值分别为0.9069、0.2341，表明回归模型高度显著且方程拟合度极高。因此，均匀抛撒覆秸装置的工作参数可用该模型来优化。

其中影响作业幅宽合格率Y_1的显著性因素的主次顺序为：X_3、X_1、X_1X_3、X_2X_3、X_3^2、X_1^2、X_1X_2（$P<0.05$），只有X_2和X_2^2对Y_2影响不显著，与Y_1相同，为简化方程在原有拟合方程中逐个去除不显著项，并重新对方程进行检验，结果表明逐项去除以及同时去除2项不显著项，都会降低简化后方程失拟项的P值，因此为保证回归模型更好的拟合效果，Y_2的最终回归模型保留所有因素。

其中影响覆秸不均匀度Y_2的显著性因素的主次顺序为：X_3、X_1、X_1X_3、X_1X_2、X_2、X_3^2、X_1^2（$P<0.05$），只有X_2^2和X_2X_3对Y_1影响不显著，为简化方程，在原有拟合方程中逐个去除不显著项，并重新对方程进行检验，结果表明只去除X_2^2和两项不显著项都去除后，方程的失拟项的P值都降低，而只去除X_2X_3后方程的失拟项P值增加，因此Y_1的最终回归模型只剔除不显著项X_2X_3。

为方便对回归方程进行直接求解，获得试验最优指标及参数组合，可对Y_1和Y_2的最终回归模型参数的编码值换算为实际值，因此建立的最终回归模型分别如式（5-6）和式（5-7）所示：

$$
\begin{aligned}
Y_1 = {} & 699.537 - 64.9875z_1 - 1.11242z_2 - 0.81649z_3 \\
& - 0.18883z_{12} + 0.031775z_1z_3 + 2.07333\times10^{-3}z_2z_3 \\
& + 2.769z_1^2 - 0.011104z_2^2 + 2.7815\times10^{-4}z_3^2
\end{aligned} \tag{5-6}
$$

$$
\begin{aligned}
Y_2 = {} & 170.0425 - 5.07875z_1 - 0.38825z_2 - 0.24185z_3 \\
& + 0.069167z_1z_2 + 0.0109z_1z_3 - 0.70375z_1^2 \\
& - 2.46111\times10^{-3}z_2^2 + 8.2375\times10^{-5}z_3^2
\end{aligned} \tag{5-7}
$$

5.1.3.4　交互作用对考核指标影响

前已叙及单因素对考核指标的影响规律，为获得最优参数组合以及更直接的观察各因素与考核指标的关系，通过上述综合试验并利用Design-Expert8.0.6.1软件绘制两两因素交互作用对指标影响的响应曲面图，如图5-6所示，其中两两因素的交互作用对指标影响都是在第三个因素设定为中心位置条件下分析研究。

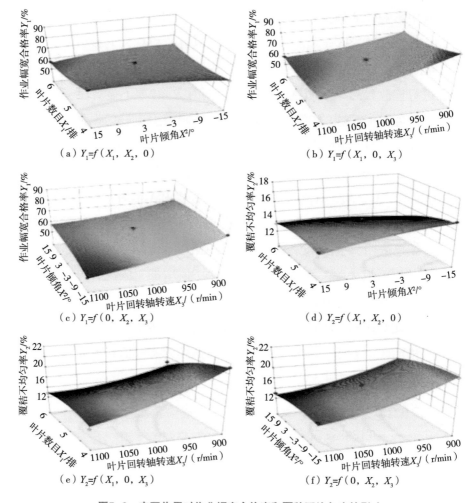

图5-6 交互作用对作业幅宽合格率和覆秸不均匀度的影响

（1）交互因素对作业幅宽合格率的影响规律分析

图5-6（a）、图5-6（b）和图5-6（c）为因素间交互作用对作业幅宽合格率影响的响应面曲线。可知三副响应面曲线图的倾斜角度不同，说明两两因素交互作用对指标的影响不同。其中图5-6（b）和图5-6（c）两曲面倾斜角度区别不大，这与表5-4中X_1X_3和X_2X_3对指标影响显著程度相差不大相符，因X_1X_2对指标影响较其他两两因素交互作用对指标影响小，因此曲面相对较平坦。因素对作业幅宽合格率总体影响规律为：叶轮数目越多、倾角越大、回转轴转速越大，则作业幅宽合格率就越低，反之作业幅宽合格率越高，这也与前期单因素试验结果相符。

（2）交互因素对覆秸不均匀度的影响规律分析

图5-6（d）、图5-6（e）和图5-6（f）为因素间交互作用对覆秸不均匀度影响的响应面曲线。与因素间交互作业对作业幅宽合格率影响分析方法相同，由图可知图5-6（d）、图5-6（e）响应曲面较图5-6（f）倾斜曲面明显，说明X_1X_2和X_1X_3交互作用比X_2X_3对指标影响显著，这与表5-4中X_1X_3和X_1X_2对指标影响显著，X_2X_3对指标影响不显著也正相符。并且由图中还可发现总体影响规律为：叶轮数目越多、倾角越大、回转轴转速越大，则覆秸不均匀度就越低，反之覆秸不均匀率越高，这也与前期单因素试验结果相符。

5.1.3.5 各参数对考核指标的综合优化求解

为获得较优的均匀抛撒性能，要求抛撒作业幅宽合格率越高越好，覆秸不均匀度越低越好。由上述试验分析可知，叶轮数目越小、倾角越小、回转轴转速越小，作业幅宽合格率越高，而对覆秸不均匀度指标叶轮数目越多、倾角越大、回转轴转速越大，则覆秸不均匀度就越低，故需综合因素对两个考核指标的影响，利用Design-Expert8.0.6.1软件对建立的覆秸不均匀度和作业幅宽合格率全因子二次回归模型进行优化求解。

约束条件：目标函数为$\max Y_1$、$\min Y_2$；变量区间为$-1 \leqslant X_j \leqslant 1$，其中$j=1$，2，3。优化求解得到的最优参数组合：叶轮数目为4排，叶轮倾角为向上倾斜15°，叶轮回转轴转速为1015r/min，作业幅宽合格率的理论优化值为71.73%，覆秸不均匀度的理论优化值为13.51%，与响应面设计方案的第10组试验方案，即叶轮数目为4排，叶轮倾角为向上倾斜15°，叶轮回转轴转速为1000r/min相近。

为进一步验证优化结果和拟合模型，还需采用最佳参数组合进行田间试验验证。

5.1.3.6 试验验证

试验地点为江苏省农业科学院六合试验基地，试验工况为水稻秸秆整秆铺放的全秸硬茬地，如图5-7所示，秸秆含水率62%，秸秆产量1480kg/亩。

图5-7　作业前水稻秸秆整秆铺放

在叶轮数目为4排，叶轮倾角为向上倾斜15°，叶轮回转轴转速为1015r/min最优参数下，进行3次重复试验，如图5-8所示，测定抛撒作业幅宽合格率和覆秸不均匀度，取平均值为试验验证结果，作业幅宽合格率和覆秸不均匀度的实际作业值分别为72.65%和13.80%，满足作业要求。

图5-8　田间试验及作业效果

5.2　碎秸分流调控装置试验研究与优化设计

5.2.1　碎秸分流调控装置结构与工作原理

5.2.1.1　整机作业工艺

为实现前茬水稻全秸硬茬地部分入土、部分覆盖机播作业，以全秸硬茬地洁区播种机为基础部件，在其稻秸捡拾粉碎装置后方设置分流装置，使得粉碎后的全量稻秸一部分经输送抛送，覆盖于播后地表，另一部分粉碎后的稻秸经旋耕混入土壤中。根据上述思路，完成可实现秸秆分流还田的全量稻秸还田小麦播种机的结构配置，主要由捡拾粉碎装置、分流装置、旋耕装置、输送装置、抛撒装置、播种施肥装置组成，整机作业工艺如图5-9所示。

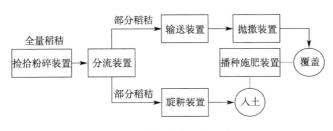

图5-9　整机作业工艺示意

5.2.1.2　碎秸分流调控装置结构设计

秸秆分流还田装置组件如图5-10所示，其中分流装置设置在捡拾粉碎装置与输送装置之间。在水稻秸秆粉碎并向后抛射过程中，分流还田装置将部分稻秸导入输送装置，再经抛撒装置实现覆盖，其余部分稻秸导入旋耕装置实现入土。

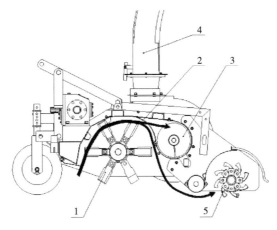

1.捡拾粉碎装置；2.分流装置；3.输送装置；4.抛送装置；5.旋耕装置；黑色箭头为稻秸流向。

图5-10　秸秆分流还田装置组件构成与工作原理

覆盖率指进入输送装置形成覆盖的稻秸量与捡拾粉碎稻秸总量的比值，是评价秸秆分流还田装置作业性能的重要参数，根据前期水稻秸秆全量覆盖、部分移出部分覆盖对小麦生长影响的对比试验，同时结合前茬为小麦、玉米秸秆时覆盖量的测算，发现水稻秸秆覆盖率低于60%时一般不会影响小麦出苗，据此设定水稻秸秆覆盖率达到田间全量水稻秸秆的50%~60%时为合格分流比例。

基于全秸硬茬地机播碎秸"入土—覆盖"分流调控技术，本部分研究的机具作业幅宽2200mm，捡拾粉碎装置回转外径545mm，输送装置与捡拾粉碎装置中心距460mm，输送装置罩壳外径295mm，其边缘到机架内壁垂直间距165mm。秸秆分流还田装置设于捡拾粉碎装置与输送装置之间，粉碎后稻秸按照预定分流比例实现部分入土、部分覆盖的作业效果，同时还要尽可能保证分流的顺畅性、稳定性与幅宽方向均匀性。

5.2.1.3 碎秸分流调控作业原理分析

根据牛顿第一定律，秸秆分流还田装置采用分流板的结构形式，使粉碎后的稻秸与分流板碰撞，在外力作用下改变原有运动状态，从而实现分流目标。对稻秸撞击分流板瞬间的受力状态进行分析，如图5-11所示，将粉碎后的秸秆颗粒视为质点，由于撞击时间很短，忽略气流对秸秆的作用。

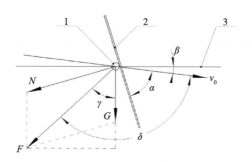

1. 稻秸；2. 分流板；3. 水平面

v_0为碰撞瞬间稻秸速度，$m \cdot s^{-1}$；G为稻秸重力，N；N为碰撞瞬间分流板对稻秸反作用力，N；F为G与N的合力，N；α为碰撞瞬间分流板与稻秸运动方向的夹角，°；β为碰撞瞬间稻秸运动方向与水平面的夹角，°；γ为T与G的夹角，°；δ为v_0与T的夹角，°。

图5-11 稻秸分流板分流原理分析

由图5-11可以得出，碰撞瞬间稻秸运动方向与作用力的夹角，见式（5-8）：

$$\delta = 90 - \beta + \gamma \qquad (5\text{-}8)$$

式中：δ——v_0与F的夹角，°；

　　　β——碰撞瞬间稻秸运动方向与水平面的夹角，°；

　　　γ——F与G的夹角，°。

γ的计算可见式（5-9）：

$$\gamma = \arctan \frac{N\sin(\alpha + \beta)}{G + N\cos(\alpha + \beta)} \qquad (5\text{-}9)$$

式中：G——稻秸重力，N；

　　　N——碰撞瞬间分流板对稻秸反作用力，N；

　　　α——碰撞瞬间分流板与稻秸运动方向的夹角，°。

将式（5-9）带入式（5-8）可得式（5-10）：

$$\delta = 90 - \beta + \arctan \frac{\sin(\alpha + \beta)}{G + N\cos(\alpha + \beta)} \qquad (5\text{-}10)$$

根据式（5-10）可以看出在稻秸运动方向一定的情况下，采取不同分流板角度设计可以有效改变稻秸运动状态，据此设计不同结构的分流板来实现稻秸分流。

5.2.2　碎秸分流调控关键部件结构设计与单因素试验

5.2.2.1　关键部件结构设计与分析
（1）直板横向上开口形式（结构A）

如图5-12所示，在捡拾粉碎装置与输送装置之间设置与机架内壁垂直的平面状分流板A，分流板A底部与输送装置罩壳贴合，底部到机架内壁距离H=165mm，宽度为2200mm，在分流板A顶部设有一个高度为a、宽度为2200mm的横向开口。

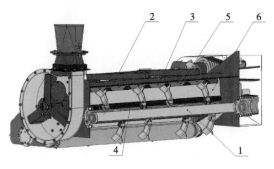

（a）分流结构A三维图

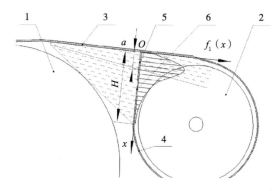

（b）分流结构A作业原理

1. 捡拾粉碎装置；2. 输送装置；3. 机架内壁；4. 输送装置罩壳；5. 横向开口；6. 分流板A
a 为位于分流板A顶部的横向开口高度，mm；H_1 为分流板A底部到机架内壁距离，mm；o 为分流板A与机架内壁接触点；$f_1(x)$ 为稻秸沿分流板A垂直平面的概率密度函数；虚线代表粉碎后稻秸。

图5-12　直板横向上开口形式（分流结构A）

作业时，粉碎后的部分稻秸从分流结构A的横向开口进入输送装置形成覆盖，部分稻秸被分流板A阻挡在外形成入土，从而达到分流效果。稻秸沿分流板A垂直平面的概率密度函数如图5-12（b）中 $f_1(x)$ 所示，分布情况与捡拾粉碎装置有关，当捡拾粉碎装置半径越大、转速越高时，稻秸分布将向分流板A顶部集中。

（2）斜板横向下开口形式（结构B）

如图5-13所示，在碎秸刀与搅龙之间设置与机架内壁夹角为 α_2 的斜面状分流板B，分流板B顶部与机架内壁贴合，宽度为2200mm，长度为 l。

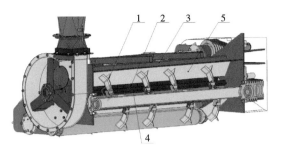

（a）分流结构B三维图

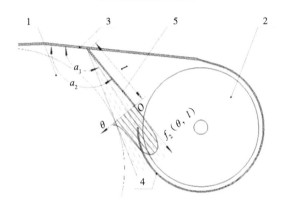

（b）分流结构B作业原理

1. 捡拾粉碎装置；2. 输送装置；3. 机架内壁；4. 输送装置罩壳；5. 分流板B
l为分流板B长度，mm；α_1为稻秸恰好无法进入输送装置时分流板B与机架内壁的夹角，°；α_2为稻秸进入输送装置时分流板B与机架内壁的夹角，°；o为分流板B末端点；$f_2(\theta, l)$为稻秸沿分流板B底端且垂直于分流板B所在平面的概率密度函数；虚线代表粉碎后稻秸。

图5-13　斜板横向下开口形式（分流结构B）

　　作业时，粉碎后的稻秸撞击分流板B产生反射后，部分稻秸从分流板B与输送装置罩壳的夹缝间进入输送装置形成覆盖，部分稻秸被输送装置罩壳阻挡在外形成入土，从而达到分流效果。稻秸沿分流板B底端且垂直于分流板B所在平面的概率密度函数如图5-13（b）中$f_2(\theta, l)$所示，分布情况与捡拾粉碎装置和分流板B的参数有关，当分流板B参数固定时，捡拾粉碎装置半径越大、转速越高时，稻秸分布将向分流板B一侧集中。

　　（3）直板纵向通长间隔开口形式（结构C）

　　如图5-14所示，在捡拾粉碎装置与输送装置之间设置与机架内壁垂直的平面状分流板C，分流板C宽度为2200mm，高度$H_1=165$mm，其顶部与机架内壁贴合，底部与输送装置罩壳贴合，在分流板C表面均布n_c个宽度为c、高度$H_1=165mm$的纵向开口。

作业时，粉碎后的部分稻秸从纵向开口进入输送装置，部分稻秸被分流板C阻挡在外，从而形成分流效果。假设作业幅宽内秸秆全部被拾起，正对纵向开口的稻秸［位置对应于图5-14（b）中纵向开口宽度c］全部进入输送装置，纵向开口两侧的部分稻秸［位置对应于图5-14（b）中纵向开口修正宽度c'］与分流板C撞击后，在气流与惯性作用下也进入输送装置，其余稻秸被分流板C阻隔在外。

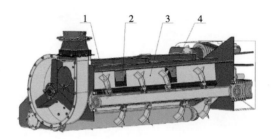

（a）分流结构C三维图

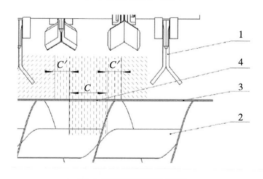

（b）分流结构C作业原理

1. 捡拾粉碎装置；2. 输送装置；3. 分流板C；4. 纵向开口
c为分流板C的某一纵向开口宽度，mm；c'为分流板C的某一纵向开口修正宽度，mm；
虚线代表粉碎后稻秸。

图5-14　直板纵向通长间隔开口形式（分流结构C）

（4）弧板纵向通长间隔开口形式（结构D）

如图5-15所示，在捡拾粉碎装置与输送装置之间设置弧心朝向捡拾粉碎装置的弧面状分流板D，其宽度为2200mm，圆弧半径$r=225mm$，其顶边与机架内壁贴合，底边与输送装置罩壳贴合，在分流板D表面均布 n_d 个宽度为 d、圆弧半径 $r=225\text{mm}$ 的纵向开口。

作业时，粉碎后的部分稻秸从纵向开口进入输送装置，部分稻秸被分流板D阻挡在外，从而形成分流效果。假设作业幅宽内秸秆全部被拾起，正对纵向开口的稻秸［位置对应于图5-15（b）中纵向开口宽度 d］全部进入输送装置，纵向开口两侧的少量稻秸［位置对应于图5-15（b）中纵向开口修正宽度 d'］与分流板D撞击后，在气流与惯性作用下也进入输送装置，其余稻秸沿分流板D弧面向下滑移，无法进入输送装置。

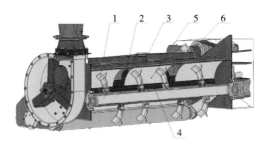

（a）分流结构D三维图

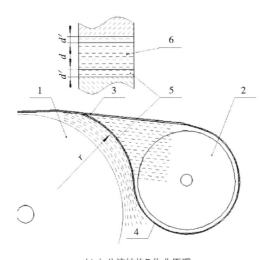

（b）分流结构D作业原理

1. 捡拾粉碎装置；2. 输送装置；3. 机架内壁；4. 输送装置罩壳；5. 分流板D；6. 纵向开口
d 为分流板D的某一纵向开口宽度，mm；d' 为分流板D的某一纵向开口修正宽度，mm；
r 为分流板D圆弧半径，mm；虚线代表粉碎后稻秸。

图5-15　弧板纵向通长间隔开口形式（分流结构D）

5.2.2.2 结构形式单因素试验

（1）试验条件与仪器设备

秸秆分流试验在江苏省农业科学院六合试验基地收获后的水稻田进行，收获方式为高留茬撩穗收割，通过五点取样法实测田间秸秆量 $m_0=0.98kg/m^2$，含水率为43%。考虑到实际作业效率与播种质量要求，试验时作业速度保持在1m/s。

试验设备包括John Deere 1054拖拉机、全秸硬茬地小麦洁区播种机（捡拾粉碎装置转速为2200r/min，试验时拆除旋耕装置与播种施肥装置）、秸秆分流还田装置（结构形式与参数见表5-5），试验仪器包括电子天平、卷尺、秒表等。

表5-5　稻秸分流装置结构参数表

序号	分流装置结构形式						
	A	B		C		D	
	a/mm	l/mm	α/°	n_c	c/mm	n_d	d/mm
1	20	166	125	2	100	2	300
2	30	166	130	2	150	2	350
3	40	166	135	2	200	2	400
4	50	166	140	2	250	2	450
5	60	166	145	2	300	2	500

a为横向开口高度，mm；l为分流板B长度，mm；α为分流板B与机架内壁的夹角，°；n_c为分流板C的纵向开口数量；c为分流板C的某一纵向开口宽度，mm；n_d为分流板D的纵向开口数量；d为分流板D的某一纵向开口宽度，mm。

（2）试验方法与结果分析

在相同作业条件下，对上述A、B、C、D 4种分流结构形式进行对比试验，以覆盖率作为评价指标，验证各分流结构形式在不同结构参数下的秸秆分流效果。随机选取测试区60块，每块测试区长20m，宽2.2m。将采样袋用尼龙绳系在抛送装置出口，将每次试验收集的稻秸收集编号并称取其质量m_f，试验场景如图5-16所示。每种分流装置结构形式与参数重复3次，取3次重复试验平均值作为各组的试验结果，覆盖率见式（5-11）：

$$\eta = \frac{m_f}{20 \times 2.2 \times m_0} \times 100 \qquad (5\text{-}11)$$

式中：m_f——每组试验收集的稻秸质量，kg；

$\quad\quad m_0$——单位面积稻秸质量，kg；

$\quad\quad \eta$——稻秸覆盖率，%。

1.拖拉机；2.全量稻秸；3.覆盖稻秸；4.秸秆分流还田组件；5.入土稻秸

图5-16　分流装置组件稻秸覆盖率试验

图5-17为不同分流装置结构与参数下的试验结果。由图5-17（a）可以看出，当结构A的横向开口高度≤30mm时，稻秸覆盖率极低，这是由于此参数下横向开口很快发生壅堵，当横向开口高度继续增大时，覆盖率迅速增大，开口高度达到60mm时分流板A几乎不起到分流作用，说明稻秸沿分流板A竖直方向呈现上多下少分布趋势。由图5-17（b）可以看出，当l=166mm，分流板B与机架内壁夹角从125°增大到145°时，稻秸覆盖率从25.6%上升至96.7%，说明稻秸与分流板B撞击后所形成的料层很薄，夹角微调即可引起覆盖率很大的变化。由图5-17（c）可知，当n_c=2时，分流板C的2个纵向开口宽度从100mm增加到300mm时，稻秸覆盖率从45.4%上升至92.3%，说明除了正对分流板C纵向开口的稻秸以外，靠近分流板C纵向开口两侧的大部分稻秸在气流与惯性的作用下同样进入了输送装置。由图5-17（d）可以看出，当n_d=2时，分流板D的2个纵向开口宽度从300mm增加到500mm时，稻秸覆盖率从44.3%上升至69.5%，说明除了正对分流板D纵向开口的稻秸以外，靠近分流板D纵向开口两侧的小部分稻秸在气流与惯性的作用下同样进入了

输送装置。

通过比较可知，分流结构A和B对于覆盖率的参数调节灵敏度太高，实际应用中极难保证覆盖率达到设计要求，分流结构C对于稻秸进入输送装置的阻隔能力较弱，在气流作用下进入输送装置的稻秸占比偏大，说明捡拾粉碎装置与输送装置转速对覆盖率的影响相对突出，而分流结构D能够将稻秸沿其弧面向下逐步引导，其纵向开口宽度与覆盖率的对应关系更加明确。综上所述，选择分流结构D为秸秆分流还田装置最佳结构。

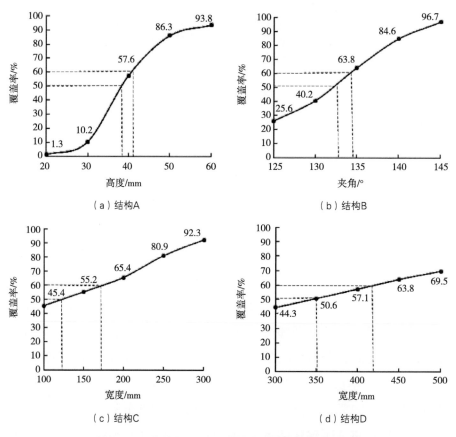

图5-17　4种秸秆分流还田装置不同结构参数试验结果

5.2.3　碎秸分流调控装置作业参数综合优化

单因素试验中发现，入土稻秸在机架幅宽方向分布不均，在纵向开口位置处的稻秸多被分流覆盖，其余位置的稻秸多为入土还田，使得入土稻秸呈条状分布，这会导致入土稻秸量较多的区域发生缺苗问题。为提高入土稻秸的分布均匀性，在保证分流指标合格的同时对分流装置进行参数优化。

试验地点、仪器设备等试验条件与单因素试验相同，不再赘述。

5.2.3.1 试验设计

采用Box-Behnken试验设计方法对分流装置结构参数进行优化。分流装置作业质量的评价指标包括稻秸的均匀度变异系数F和分流偏差率P。

均匀度变异系数F指入土部分稻秸在土壤中的均匀度变异系数，其值越小表明均匀性越好。在作业幅宽内取n个测试小区，每个测试小区收集入土稻秸并称质量（为便于检测入土稻秸量，拆除旋耕装置与播种施肥装置），计算方法如式（5-12）、式（5-13）所示：

$$\overline{M} = \frac{\sum_{i=1}^{n} M_i}{n} \qquad (5-12)$$

$$F = \frac{1}{\overline{M}} \sqrt{\frac{\sum_{i=1}^{n}(M_i - \overline{M})^2}{n-1}} \times 100 \qquad (5-13)$$

式中：n——幅宽方向测试小区数量（为保证测量准确性，取$n=10$）；

M_i——第i个测试小区（取样长度5000mm，宽度220mm）内的稻秸质量，g；

$\overline{M}$——测试小区稻秸平均质量，g；

F——均匀度变异系数，%。

分流偏差率P指稻秸实际覆盖率与分流指标（覆盖率50%~60%）的偏差系数，其值越小表明指标完成度越好。试验方法与单因素试验相同，计算方法如式（5-11）、式（5-14）所示：

$$P = \begin{cases} \dfrac{50\% - \eta}{50\%} & (0 \leqslant \eta < 50\%) \\ 0 & (50\% \leqslant \eta \leqslant 60\%) \\ \dfrac{\eta - 60\%}{60\%} & (60\% < \eta \leqslant 100\%) \end{cases} \tag{5-14}$$

单因素试验研究发现，纵向开口总宽（纵向开口数量与某一纵向开口宽度的乘积）直接影响分流偏差率，纵向开口数量直接影响均匀度变异系数，而捡拾粉碎装置转速直接影响稻秸撞击分流装置的初速度，进而对分流偏差率和均匀度变异系数均造成影响，因此将上述三因素作为分流装置作业质量的影响因素。根据单因素试验研究结果，纵向开口总宽<600mm时，覆盖率<45%，纵向开口总宽>1000mm时，覆盖率大于69%，因此选取纵向开口总宽为600～1000mm；纵向开口数量越多，均匀度变异系数越好，同时考虑到单个纵向开口需具有一定宽度避免堵塞，因此选取纵向开口数量为4～8个（在幅宽方向均布）；为保证分流作业顺畅性，根据文献与前期研究，捡拾粉碎装置甩刀线速度≥53m/s时才能获得理想粉碎效果，据此折算出捡拾粉碎装置转速需≥1900r/min，结合常规作业参数，选取捡拾粉碎装置转速为1900～2500r/min。采用三因素三水平二次回归正交试验设计方案对3个影响因素进行组合优化，试验因素与水平见表5-6。

表5-6 响应面试验因素和水平

试验水平	纵向开口总宽X_1/mm	纵向开口数量X_2	捡拾粉碎装置转速X_3/（r/min）
−1	600	4	1900
0	800	6	2200
1	1000	8	2500

注：纵向开口总宽为纵向开口数量乘以某一纵向开口宽度。

5.2.3.2　试验结果

根据Box-Behnken试验原理设计3因素3水平分析试验，试验方案包括17个试验点，其中包括12个分析因子，5个零点估计误差。试验数据采用Design-Expert 8.0.6软件（Stat-EaseInc.，USA）进行二次多项式回归分析，并利用响应面分析法对各因素相关性和交互效应的影响规律进行分析研究。试验方案与响应值见表5-7。

表5-7　试验设计方案及响应值

序号	纵向开口总宽X_1	纵向开口数量X_2	捡拾粉碎装置转速X_3	响应值	
				均匀度变异系数Y_1/%	分流偏差率Y_2/%
1	1	0	1	43.90	44.24
2	0	1	-1	14.76	14.68
3	1	-1	0	69.99	26.14
4	0	0	0	55.37	11.36
5	-1	-1	0	48.07	0
6	1	1	0	28.17	42.67
7	-1	0	1	31.33	0
8	0	-1	1	43.56	12.68
9	0	0	0	55.16	10.26
10	0	0	0	52.32	12.15
11	0	0	-1	40.82	5.98
12	1	0	-1	30.66	25.31
13	0	1	1	15.17	30.54
14	-1	1	0	23.43	0
15	0	0	0	50.26	13.52
16	-1	0	-1	24.67	0
17	0	0	0	53.98	9.68

5.2.3.3　影响效应分析

根据表5-7中的数据样本，利用Design-Expert 8.0.6.1软件开展多元回归拟合分析寻求最优工作参数，建立均匀度变异系数Y_1、分流偏差率Y_2对纵向开口总宽X_1、纵向开口数量X_2、捡拾粉碎装置转速X_3 3个自变量的二次多项式响应面回归模型，如式（5-15）、式（5-16）所示，并对回归方程进行方差分析，结果如表5-8所示。

$$Y_1 = 53.42 + 5.65X_1 - 15.11X_2 + 2.88X_3 - 4.29X_1X_2$$
$$+ 1.65X_1X_3 - 0.58X_2X_3 - 3.47X_1^2 - 7.53X_2^2 - 17.31X_3^2 \tag{5-15}$$

$$Y_2 = 11.39 + 17.30X_1 + 5.39X_2 + 5.19X_3 + 4.13X_1X_2$$
$$+ 4.73X_1X_3 + 2.29X_2X_3 + 3.61X_1^2 + 2.20X_2^2 + 2.38X_3^2 \tag{5-16}$$

表5-8　回归方程方差分析

方差来源	均匀度变异系数Y_1				分流偏差率Y_2			
	平方和	自由度	F值	显著水平P	平方和	自由度	F值	显著水平P
模型 Model	3897.35	9	38.06	<0.0001	3129.02	9	103.09	<0.0001
X_1	255.61	1	22.47	0.0021	2392.94	1	709.56	<0.0001
X_2	1827.40	1	160.62	<0.0001	232.09	1	68.82	<0.0001
X_3	66.41	1	5.84	0.0464	215.18	1	63.80	<0.0001
X_1X_2	73.79	1	6.49	0.0383	68.31	1	20.26	0.0028
X_1X_3	10.82	1	0.95	0.3619	89.59	1	26.56	0.0013
X_2X_3	1.36	1	0.12	0.7399	20.98	1	6.22	0.0414
X_1^2	50.71	1	4.46	0.0727	54.96	1	16.30	0.0050
X_2^2	238.92	1	21.00	0.0025	20.30	1	6.02	0.0439
X_3^2	1261.30	1	110.86	<0.0001	23.86	1	7.08	0.0325
残差	79.64	7			23.61	7		
失拟项	61.30	3	4.46	0.0914	14.29	3	2.05	0.2502
误差	18.34	4			9.32	4		
总和	3976.99	16			3152.63	16		

注：$P<0.01$（极显著）；$P<0.05$（显著）。

由表5-8分析可知，响应面模型中的均匀度变异系数Y_1、分流偏差率Y_2模型$P<0.0001$，表明回归模型极显著；失拟项$P>0.05$（分别为0.0914、0.2502），表明回归方程拟合度高；其决定系数R^2值分别为0.9542和0.9829，表示这2个模型可以解释95%以上的评价指标。因此，秸秆分流还田装置工作参数可以用该模型来优化。

各参数对回归方程的影响作用可以通过P值大小反应，均匀度变异系数Y_1模型中有4个回归项影响极显著（$P<0.01$），分别为X_1、X_2、X_2^2、X_3^2，有2个回归项影响显著（$P<0.05$），分别为X_3、X_1X_2；分流

偏差率Y_2模型中有6个回归项影响极显著（$P<0.01$），分别为X_1、X_2、X_3、X_1X_2、X_1X_3、X_1^2，有3个回归项影响显著（$P<0.05$），分别为X_2X_3、X_2^2、X_3^2。

由表5-8各因素F值分析可知，4个因素对均匀度变异系数影响显著性顺序为$X_2>X_1>X_3$；对分流偏差率影响显著性顺序为$X_1>X_2>X_3$。根据回归方程分析结果，利用Design-Expert8.0.6.1软件绘制响应面图（图5-18），根据响应面图考察纵向开口总宽、纵向开口数量、捡拾粉碎装置转速交互因素对响应值Y_1、Y_2的影响。

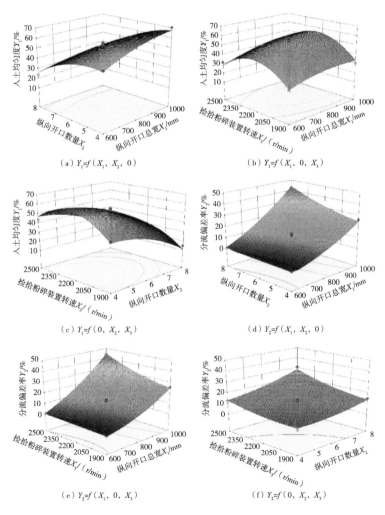

（a）$Y_1=f(X_1, X_2, 0)$ （b）$Y_1=f(X_1, 0, X_3)$

（c）$Y_1=f(0, X_2, X_3)$ （d）$Y_2=f(X_1, X_2, 0)$

（e）$Y_2=f(X_1, 0, X_3)$ （f）$Y_2=f(0, X_2, X_3)$

图5-18　交互作用对均匀度变异系数和分流偏差率的影响

（1）交互因素对均匀度变异系数的影响规律分析

纵向开口总宽、纵向开口数量、捡拾粉碎装置转速对响应值Y_1影响的响应面曲线图见图5-18。图5-18（a）为捡拾粉碎装置位于中心位置（2200r/min）时，纵向开口总宽和纵向开口数量对均匀度变异系数Y_1的交互作用的响应面图，可以看出均匀度变异系数指标降低可以通过减小纵向开口总宽和增加纵向开口数量而实现；图5-18（b）为纵向开口数量位于中心位置（6个）时，纵向开口总宽和捡拾粉碎装置转速对均匀度变异系数Y_1的交互作用的响应面图，可以看出均匀度变异系数指标随着纵向开口总宽的增加而增加，随着捡拾粉碎装置转速的增加而先增加后减少；图5-18（c）为纵向开口总宽位于中心位置（800mm）时，纵向开口数量和捡拾粉碎装置转速对均匀度变异系数Y_1的交互作用的响应面图，可以看出均匀度变异系数指标随着纵向开口数量的增加而减小，随着捡拾粉碎装置转速的增加而先增加后减少。

总体影响趋势：纵向开口总宽越小、纵向开口数量越多，均匀度变异系数越小，而捡拾粉碎装置转速增加时均匀度变异系数先增加后减少。主要原因：当纵向开口总宽减小时，入土秸秆量越多，粉碎后在同一测量点聚集的可能性越小，更容易分布均匀；当纵向开口数量增加时，进入输送装置的稻秸在横向分布越均匀；当捡拾粉碎装置转速增加时，入土秸秆量减少导致均匀度变异系数增加；当捡拾粉碎装置转速继续增加时，风场对入土碎秸的吹散作用占主要因素，则均匀度变异系数减小。

（2）交互因素对分流偏差率的影响规律分析

纵向开口总宽、纵向开口数量、捡拾粉碎装置转速对响应值Y_2影响的响应面曲线图见图5-18。图5-18（d）为捡拾粉碎装置转速位于中心位置（2200r/min）时，纵向开口总宽和纵向开口数量对分流偏差率Y_2的交互作用的响应面图，可以看出分流偏差率指标降低可以通过减小纵向开口总宽实现，而当纵向开口总宽较大时，减少纵向开口数量可以降低分流偏差率，当纵向开口总宽较小时，减少纵向开口数量对分流偏差率的改变为先减小后增加；图5-18（e）为纵向开口数量位于中心位置

（6个）时，纵向开口总宽和捡拾粉碎装置转速对分流偏差率Y_2的交互作用的响应面图，可以看出分流偏差率指标降低可以通过减小纵向开口总宽实现，而当纵向开口总宽较大时，减少捡拾粉碎装置转速可以降低分流偏差率，当纵向开口总宽较小时，减少捡拾粉碎装置转速对分流偏差率的改变为先减小后增加；图5-18（f）为纵向开口总宽位于中心位置（800mm）时，纵向开口数量和捡拾粉碎装置转速对分流偏差率Y_2的交互作用的响应面图，可以看出分流偏差率的减小可通过减少纵向开口数量和捡拾粉碎装置转速实现。

总体影响趋势：纵向开口总宽越小，分流偏差率越小，当纵向开口总宽较大时，减少纵向开口数量可降低分流偏差率，当纵向开口总宽较小时，减少纵向开口数量对分流偏差率的改变为先减小后增加。主要原因：增加纵向开口总宽、纵向开口数量、捡拾粉碎装置转速均能够增加稻秸覆盖率，当覆盖率大于60%时，分流偏差率增加，当覆盖率低于50%时，分流偏差率同样增加，只有当各因素取值相互协调时分流偏差率才能处于较低水平。

5.2.3.4　参数优化与验证

为达到最佳稻秸分流性能，按照均匀度变异系数最小、分流偏差率最小的要求作为优化目标，对纵向开口总宽、纵向开口数量和捡拾粉碎装置转速进行优化研究。运用Design-Expert 8.0.6.1软件对建立的2个指标的全因子二次回归模型最优化求解，约束条件：目标函数为minY_1、minY_2；变量区间为$-1 \leqslant X_j \leqslant 1$，其中$j$=1，2，3。根据2个指标的重要性，设置均匀度变异系数和分流偏差率的权重分配集W=[0.5 0.5]。优化后得到的各因素最优参数为纵向开口总宽600mm，纵向开口数量7.41个，捡拾粉碎装置转速1900r/min，优化得出的最优均匀度变异系数为14.76%，分流偏差率为0.0027%。根据优化结果，将纵向开口数量X_2值设为7，其他条件不变，再次用软件求优，优化参数结果为纵向开口总宽600mm，纵向开口数量7个，捡拾粉碎装置转速1900r/min，优化得出的最优均匀度变异系数为18.75%，分流偏差率为-0.33%。分析结果结合试验观测可知：当纵向开口总宽为600mm时，分流偏差率已达到最低值0，再降低纵向总宽反而会因通道过窄导致分流偏差率上升；捡拾粉碎装置转速1900r/min为设计参数最低值，再降低转速会因稻秸粉碎不彻底和抛射速度过慢而导致分流装置壅堵，因此可以采用上述分析结果进行模型验证。

为验证模型预测的准确性，采用上述参数在江苏省农科院六合试验基地进行3次重复试验，取3次试验的平均值作为试验验证值。试验结果为均匀度变异系数19.68%，分流偏差率0，与优化后理论值的绝对误差分别为0.93个百分点和0.33个百分点，可以看出Y_1、Y_2的理论值与实际值非常接近，验证了模型的准确性。

在此参数下进行生产试验，对小麦长势进行了持续跟踪，如图5-19所示，经实践可知小麦播种顺畅，播种量为180kg/hm²，种子千粒质量为49.9g，基本苗数为每公顷3.13×10⁶株，出苗率为86.8%，说明现有秸秆分流还田装置与参数能够满足小麦生产实际应用需求。

（a）播种　　　　　　　　（b）生长期　　　　　　　　（c）灌浆期

图5-19　小麦播种及其长势跟踪

5.3　碎秸导流条覆装置试验研究与优化设计

5.3.1　碎秸导流条覆装置结构与作业原理

5.3.1.1　碎秸导流条覆装置结构与作业原理

碎秸导流装置如图5-20所示，主要包括斜面导流板、定型板和安装板组成。该装置安装在捡拾粉碎装置与种带旋耕装置之间。碎秸导流装置固定于捡拾粉碎装置后下方的调节横梁上，相邻碎秸导流装置沿作业幅宽方向等距分布，装置与地面的间隙为20mm。作业时，捡拾粉碎装置的碎秸刀将作业幅宽内秸秆捡拾并粉碎，粉碎后的秸秆沿碎秸刀罩壳内侧壁向下喷射，位于覆秸带（行间）幅宽内的碎秸直接落在覆秸带上，位于清秸带（种带）幅宽内的碎秸在碎秸喷射与碎秸导流装置的滑切耦合作用下，自行向碎秸导流装置两侧分开，并下落于种带两侧的覆秸带上，形成无秸秆障碍的洁区播种带和相邻碎秸导流装置间的覆秸带。后续种带旋耕和播种作业均在所形成的无秸秆障碍的种带上进行。

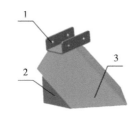

1. 安装板；2. 定型板；3. 斜面导流板

图5-20　碎秸导流装置结构

5.3.1.2　碎秸导流条覆装置作业原理分析

以机具前进方向为x_1轴正方向，以竖直向上为z_1轴正方向，以右手定则确定y_1轴正方向，建立如图5-21所示空间动坐标系$o_1x_1y_1z_1$。

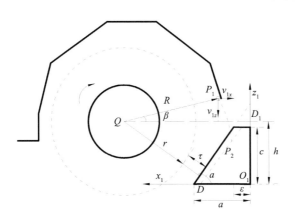

图5-21　碎秸下抛YOZ平面轨迹分析

离散化碎秸为单个颗粒，任取与碎秸导流装置竖直方向一截面为研究域，碎秸从P_1点运动到P_2点做下抛运动，DD_1为过碎秸在碎秸导流装置落点P_2与碎秸导流装置圆弧形导流刃线（以下简称刃线）的平行线。忽略碎秸下抛点P_1到碎秸刀罩壳的距离，则下抛过程中碎秸在动坐标系的运动微分方程见式（5-17）：

$$\begin{cases} \dfrac{d^2 x_1}{dt^2} + k\left(\dfrac{dx_1}{dt}\right)^2 = 0 \\[3mm] \dfrac{d^2 z_1}{dt^2} - k\left(\dfrac{dz_1}{dt}\right)^2 + g = 0 \end{cases} \qquad (5\text{-}17)$$

式中：k——空气阻力因子（描述碎秸下抛过程中所受空气阻力）；

g——重力加速度，m/s^2。

初始条件见式（5-18）：

$$\begin{cases} x_1\big|_{t=0} = \dfrac{r+\tau}{\sin\alpha} - R\cos\beta + a - h\cot\alpha \\[3mm] z_1\big|_{t=0} = h + R\sin\beta \end{cases} \qquad (5\text{-}18)$$

式中：r——碎秸刀回转面半径，mm；

τ——刃线与碎秸刀回转面的径向距离（简称径向距离），mm；

α——刃线与水平面夹角，°；

R——回转中心与碎秸下抛点P_1的距离，mm；

β——粉碎装置回转中心和碎秸质心两点连线与水平面夹角，°；

a——装置导流长度，mm；

h——碎秸导流装置底面与回转中心所在水平面的距离，mm。

设碎秸下抛运动时间为t_1，碎秸的落点位置满足式（5-19）：

$$z_1\big|_{t=t_1} = \left[x_1\big|_{t=t_1} - a + \delta\cot\theta\right]\tan\alpha \qquad (5\text{-}19)$$

式中：δ——碎秸落点位置与碎秸导流装置对称面垂直距离，mm；

θ——碎秸导流装置单侧分秸角，°。

因此，$0 \leq t < t_1$时，碎秸在动坐标系运动轨迹见式（5-20）：

$$\begin{cases} x_1(t) = x_1 \big|_{t=0} + \dfrac{\ln(1 + kv_{1x}t)}{k} \\[4mm] z_1(t) = z_1 \big|_{t=0} + \dfrac{1}{k}\ln\left[\dfrac{2e^{\sqrt{gk}t}}{1 - \sqrt{\dfrac{k}{g}}v_{1z} + \left(1 + \sqrt{\dfrac{k}{g}}v_{1z}\right)e^{2\sqrt{gk}t}} \right] \end{cases} \quad (5\text{-}20)$$

式中：v_{1x}、v_{1z}——碎秸下抛点P_1的初速度沿x_1、z_1轴的分速度，m/s。

建立如图5-22所示静坐标系$oxyz$，以碎秸为研究对象，碎秸从P_2点运动到P_3点为滑切耦合的过程，忽略碎秸在该过程中受到的空气阻力，分析碎秸颗粒受力情况，包括碎秸颗粒受到的自身重力m_0g、垂直于导流斜面的支持力N、平行于导流斜面的摩擦力f，受力分析如图5-22所示。

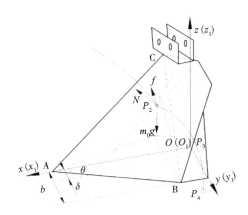

图5-22　稻秸受力分析

设A、B、C点的空间坐标分别为（$\alpha,0,0$）、（$\varepsilon,b,0$）、（$\varepsilon,0,c$）向量$\overrightarrow{AB}$为（$\varepsilon-\alpha,b,0$），向量$\overrightarrow{AC}$为（$\varepsilon-\alpha,0,c$），则支持力N的方向向量$\vec{n}$为（$bc,(\alpha-\varepsilon)c,(\alpha-\varepsilon)b$）。结合参考文献，支持力$N$见式（5-21）：

$$N = \frac{\sqrt{b^2c^2 + (a-\varepsilon)^2 c^2 + (a-\varepsilon)^2 b^2}}{\sqrt{b^2c^2 + (a-\varepsilon)^2 c^2}} \cdot \frac{m_0 g}{2\tan\phi} \quad (5\text{-}21)$$

式中：N——碎秸所受支持力，N；

m_0——碎秸质量，kg；

b——碎秸导流装置单侧宽度，mm；

c——碎秸导流装置高度（由安装横梁与地面高度决定，c=250mm）；

ϕ——碎秸自然休止角，°。

将支持力N和摩擦力f沿坐标轴方向分解，结合式（5-21），建立滑切耦合过程中碎秸在动坐标系的运动微分方程式（5-22）：

$$\begin{cases} \dfrac{g}{2\tan\phi}\left(\dfrac{bc}{\sqrt{b^2c^2+(a-\varepsilon)^2c^2}}-\dfrac{(a-\varepsilon)c\tan\varphi}{\sqrt{b^2c^2+(a-\varepsilon)^2c^2}}\right)=\dfrac{d^2x_1}{dt^2} \\[3mm] \dfrac{g}{2\tan\phi}\left(\dfrac{(a-\varepsilon)c}{\sqrt{b^2c^2+(a-\varepsilon)^2c^2}}-\dfrac{bc\tan\varphi}{\sqrt{b^2c^2+(a-\varepsilon)^2c^2}}\right)=\dfrac{d^2y_1}{dt^2} \\[3mm] \dfrac{g}{2\tan\phi}\dfrac{(a-\varepsilon)b(1+\tan\varphi)}{\sqrt{b^2c^2+(a-\varepsilon)^2c^2}}-g=\dfrac{d^2z_1}{dt^2} \end{cases} \quad (5\text{-}22)$$

式中：φ——碎秸与斜面导流板之间的摩擦角（斜面导流板材质确定，φ为一定值），°。

设碎秸滑切耦合时间为t_2，碎秸滑出碎秸导流装置满足式（5-23）：

$$\begin{cases} bc(x-\varepsilon)+(a-\varepsilon)bz=0 \\ y=b \end{cases} \quad (5\text{-}23)$$

因此$t_1 \leqslant t < t_2$时，碎秸在动坐标系运动轨迹见式（5-24）：

$$\begin{cases} x_1(t)=(v_{2x})t+\left(\dfrac{bc}{\sqrt{b^2c^2+(a-\varepsilon)^2c^2}}\right. \\ \left. \qquad -\dfrac{(a-\varepsilon)c\tan\varphi}{\sqrt{b^2c^2+(a-\varepsilon)^2c^2}}\right)\dfrac{gt_1^2}{4\tan\phi}+x_1\Big|_{t=t_1} \\[3mm] y_1(t)=v_{2y}t+\left(\dfrac{(a-\varepsilon)c}{\sqrt{b^2c^2+(a-\varepsilon)^2c^2}}\right. \\ \left. \qquad -\dfrac{bc\tan\varphi}{\sqrt{b^2c^2+(a-\varepsilon)^2c^2}}\right)\dfrac{gt_1^2}{4\tan\phi}+\delta \\[3mm] z_1(t)=v_{2z}t+\dfrac{(a-\varepsilon)b(1+\tan\varphi)}{\sqrt{b^2c^2+(a-\varepsilon)^2c^2}}\dfrac{gt_1^2}{4\tan\phi}-\dfrac{gt_1^2}{2}+z_1\Big|_{t=t_1} \end{cases} \quad (5\text{-}24)$$

式中：v_{3x}、v_{3y}、v_{3z}——滑切耦合过程中的初速度在x_1、y_1、Z_1轴的分速度，m/s。

碎秸在定坐标系中运动轨迹方程见式（5-25）：

$$\begin{cases} x(t) = x_1(t) + v_0 t \\ y(t) = y_1(t) \\ z(t) = z_1(t) \end{cases} \tag{5-25}$$

碎秸从P_3点运动到P_4点做斜抛运动，碎秸在定坐标系的运动微分方程见式（5-26）：

$$\begin{cases} \dfrac{d^2 x}{dt^2} + k\left(\dfrac{dx}{dt}\right)^2 = 0 \\[2mm] \dfrac{d^2 y}{dt^2} + k\left(\dfrac{dy}{dt}\right)^2 = 0 \\[2mm] \dfrac{d^2 z}{dt^2} - k\left(\dfrac{dz}{dt}\right)^2 + g = 0 \end{cases} \tag{5-26}$$

碎秸在定坐标系的运动轨迹方程见式（5-27）：

$$\begin{cases} x(t) = x\big|_{t=t_2} + \dfrac{\ln\left(1 + kv_{3x}t\right)}{k} \\[3mm] y(t) = y\big|_{t=t_2} + \dfrac{\ln\left(1 + kv_{3y}t\right)}{k} \\[3mm] z(t) = z\big|_{t=t_2} + \dfrac{1}{k}\ln\left[\dfrac{2e^{\sqrt{gkt}}}{1 - \sqrt{\dfrac{k}{g}}v_{3z} + \left(1 + \sqrt{\dfrac{k}{g}}v_{3z}\right)e^{2\sqrt{gkt}}}\right] \end{cases} \tag{5-27}$$

式中：v_{3x}、v_{3y}、v_{3z}——滑切耦合过程中的末速度在x、y、Z轴的分速度，m/s。

由碎秸导流装置的结构见式（5-28）：

$$\begin{cases} \alpha = \arctan\dfrac{c}{a-\varepsilon} \\[2mm] b = \dfrac{d}{2} \\[2mm] \theta = \arctan\dfrac{b}{a-\varepsilon} \end{cases} \tag{5-28}$$

式中：d——装置导流宽度，mm。

为有利于碎秸向两侧覆秸带顺畅集覆的同时提高清秸率，需要尽量减小碎秸沿x轴方向的位移，同时增大碎秸颗粒向碎秸导流装置两侧的位移。在碎秸刀转速与前进速度一定时，由式（5-19）、式（5-24）、式（5-27）、式（5-28）可以看出影响碎秸运动轨迹的主要结构和组配参数为装置导流长度、装置导流宽度和径向距离。

5.3.2 碎秸导流条铺过程仿真分析

5.3.2.1 三维仿真平台搭建

为平衡计算机处理效率与仿真效果，在进行模型构建时适当简化模型。运用SolidWorks软件简化建模导流装置（主要包括碎秸刀罩壳1和碎秸导流装置2），并以.igs格式导入EDEM软件Geometry项。同时，为了便于分析仿真后碎秸的分布情况，在碎秸导流装置下方20mm处建立土槽简化模型，土槽尺寸（长×宽×高）为4000mm×2500mm×20mm，槽内土壤颗粒直径为8mm。根据稻秸粉碎长度及参考文献，采用直径为7mm、球心间距为3.5mm的球体组合成总长为90mm的长线型模型作为稻秸颗粒模型。

在行间覆秸作业过程中，碎秸与碎秸、导流装置、土壤之间的接触模型采用Hert-Mindlin（no slip）接触模型。导流装置模型材料属性设置为45号钢，根据相关文献确定碎秸颗粒、导流装置模型、土壤的相关材料与接触力学参数，如表5-9所示。

表5-9 材料间接触模型的参数

项目	45号钢	稻秸	土壤
密度/（kg/m^3）	7800	241	1850
剪切模量/Pa	7.0E+10	1.0E+6	1.0E+8
泊松比	0.3	0.4	0.38
动摩擦系数（与稻秸）	0.01	1.04	1.04
静摩擦系数（与稻秸）	0.30	1.05	1.05
碰撞恢复系数（与稻秸）	0.30	0.02	0.02

5.3.2.2 仿真方法与评价指标

设定仿真作业速度为1.2m/s，粉碎装置转速为2000r/min。以江苏省稻麦轮作区稻秸产量为参考，草谷比均值为1.6，草谷总质量均值为2.2kg/m²，设置颗粒工厂生产稻秸颗粒的速度为3.9kg/s（≥田间秸秆覆盖量）。EDEM仿真碎秸导流装置作业效果如图5-23所示。

图5-23 清秸作业EDEM仿真

通过查阅相关资料并结合实际作业情况，选取清秸率、种带宽度变异系数为试验评价指标。在模拟种床的中间区域选取长度为3000mm的作业带，应用EDEM后处理selection模块设置Grid Bin Group，将各清秸种带和各覆秸带均分为10个网格单元，如图5-24所示。

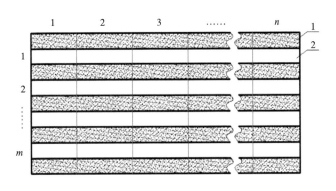

1.覆秸带；2.洁区种带

图5-24 抽样区域数据采集示意

清秸率指作业后种带上被清除的碎秸量与作业前种带碎秸全量的比

值，其值越大表明碎秸导流装置的清秸性能越好，清秸率P的计算方法如式（5-29）所示：

$$P = \frac{\sum\limits_{i=1}^{m}\sum\limits_{j=1}^{n}\left(\dfrac{c-c_{ij}}{c}\right)}{mn} \times 100 \qquad (5-29)$$

式中：P——清秸率，%；

c_{ij}——仿真作业后第i行第j列网格小区的种带碎秸数量；

c——仿真作业前种带网格小区内碎秸全量；

m——测量种带行数，m=4；

n——每行种带测量网格数，n=10。

种带宽度变异系数值越小，碎秸导流装置清理出的种带宽度越接近农艺要求的播幅。种带宽度变异系数F计算方法如式（5-30）所示：

$$F = \frac{1}{\overline{w}}\sqrt{\frac{\sum\limits_{i=1}^{m}\sum\limits_{j=1}^{n}\left(w_{ij}-\overline{w}\right)^{2}}{mn-1}} \times 100 \qquad (5-30)$$

式中：w_{ij}——第i行第j列网格小区的种带宽度；

$\overline{w}$——播幅，$\overline{w}$ = 240mm；

F——种带宽度变异系数，%。

5.3.2.3 仿真试验设计

为分析装置不同导流长度、径向距离和装置不同导流宽度对碎秸导流装置作业性能的影响，并寻找最佳参数组合。依据Box—Benhken试验理论，设计3因素3水平分析试验，以清秸率、种带宽度变异系数为响应指标，通过EDEM虚拟仿真试验，对装置导流长度、径向距离、装置导流宽度三因素进行响应面试验研究。在以往单因素试验基础上，选取装置导流长度的取值区间为200~300mm，径向距离的取值区间10~40mm，装置导流宽度的取值区间280~350mm，试验因素水平编码如表5-10所示。

表5-10 试验因素和水平

水平	装置导流长度X_1/mm	径向距离X_2/mm	装置导流宽度X_3/mm
−1	200	10	280
0	250	25	315
1	300	40	350

5.3.2.4 仿真试验结果

试验包括12个分析因子和5个零点估计误差，共17个试验点。运用 Design-Expert 8.0.6软件对试验数据进行回归分析，并利用响应面分析法对各因素相关性和交互效应的影响规律进行分析研究。试验方案与响应值如表5-11所示。

表5-11 试验设计方案及响应值

序号	装置导流长度X_1	径向距离X_2	装置导流宽度X_3	响应值	
				清秸率Y_1/%	种带宽度变异系数Y_2/%
1	−1	−1	0	87.5	11.65
2	1	−1	0	90.04	9.33
3	−1	1	0	86.47	13.07
4	1	1	0	87.33	10.13
5	−1	0	−1	89.00	13.89
6	1	0	−1	92.77	11.29
7	−1	0	1	87.07	14.15
8	1	0	1	86.78	13.51
9	0	−1	−1	89.36	10.84
10	0	1	−1	86.74	12.88
11	0	−1	1	84.62	12.47
12	0	1	1	85.26	12.91
13	0	0	0	90.80	11.05
14	0	0	0	92.02	10.36
15	0	0	0	91.34	10.55
16	0	0	0	91.51	10.67
17	0	0	0	92.35	10.88

5.3.2.5 回归模型建立与显著性检验

用Design-Expert 8.0.6软件对表5-11的数据进行分析和多元回归拟合，清秸率Y_1、种带宽度变异系数Y_2的方差分析结果如表5-12所示。分别建立清秸率Y_1、种带宽度变异系数Y_2对装置导流长度X_1、径向距离X_2和装置导流宽度X_3 3个自变量的多项式回归方程，并检验其显著性。

（1）清秸率Y_1的显著性分析

清秸率Y_1方差分析如表5-12所示。由表可知，响应面模型中的清秸率Y_1模型$P<0.0001$，表明回归模型极显著，各参数对回归方程的影响作用可以通过P值大小反应，回归项X_1、X_2、X_3、X_1X_3、X_2^2、X_2^3对清秸率Y_1模型影响极显著，回归项X_2X_3、X_1^2对清秸率Y_1模型影响显著。从各因素F值分析可知，各因素对清秸率Y_1模型影响的显著性顺序为：$X_3>X_1>X_2$。将其他不显著的方差来源项合并入残差项，再次进行方差分析，结果如表5-12所示。得到各因素对清秸率Y_1的二次回归方程如式（5-31）所示。对式（5-31）方程进行失拟性检验，失拟项$P>0.1$，不显著，表明回归方程拟合度高。

$$Y_1=-117.98+0.36X_1+0.15X_2+1.09X_3-5.80 \times 10^{-4}X_1X_3$$
$$+1.55 \times 10^{-3}X_2X_3-2.71 \times 10^{-4}X_1^2-0.01_2^2-1.65 \times 10^{-3}X_3^2 \tag{5-31}$$

（2）种带宽度变异系数Y_2的显著性分析

种带宽度变异系数Y_2方差分析如表5-12所示。由表可知，响应面模型中的种带宽度变异系数Y_2模型$P<0.0001$，表明回归模型极显著，各参数对回归方程的影响作用可以通过P值大小反应，回归项X_1、X_2、X_3、X_1^2、X_3^2对种带宽度变异系数Y_2模型影响极显著，回归项X_1X_3对模型影响显著，回归项X_2X_3对模型影响较显著。从各因素F值分析可知，各因素对种带宽度变异系数Y_2模型影响的显著性顺序为：$X_1>X_2>X_3$。将其他不显著的方差来源项合并入残差项，再次进行方差分析，结果如表5-12所示。得到各因素对种带宽度变异系数Y_2的二次回归方程如式（5-32）所示。对式（5-32）方程进行失拟性检验，失拟项$P>0.1$，不显著，表明回归方程拟合度高。

$$Y_2 = 192.02 - 0.23X_1 + 0.28X_2 - 0.99X_3 + 2.80$$
$$\times 10^{-4}X_1X_3 - 7.62 \times 10^{-4}X_2X_3 + 2.49 \times 10^{-4}X_1^2 \qquad (5\text{-}32)$$
$$+ 1.53 \times 10^{-3}X_3^2$$

表5-12　回归方程方差分析

项目	方差来源	平方和		自由度		均方		F值		P值	
		原数据	剔除不显著数据	原数据	剔除不显著数据	原数据	剔除不显著数据	原数据	剔除不显著数据	原数据	剔除不显著数据
清秸率 Y_1	模型	106.60	105.89	9	8	11.84	13.24	37.90	36.60	<0.0001	<0.0001
	X_1	5.92	5.92	1	1	5.92	5.92	18.93	16.36	0.0033	0.0037
	X_2	4.09	4.09	1	1	4.09	4.09	13.09	11.31	0.0085	0.0099
	X_3	24.99	24.99	1	1	24.99	24.99	79.98	69.11	<0.0001	<0.0001
	X_1X_2	0.71	—	1	—	0.71	—	2.26	—	0.1766	—
	X_1X_3	4.12	4.12	1	1	4.12	4.12	13.19	11.40	0.0084	0.0097
	X_2X_3	2.66	2.66	1	1	2.66	2.66	8.50	7.35	0.0225	0.0266
	X_1^2	1.93	1.93	1	1	1.93	1.93	6.18	5.34	0.0418	0.0496
	X_2^2	40.14	40.14	1	1	40.14	40.14	128.14	110.99	<0.0001	<0.0001
	X_3^2	17.14	17.14	1	1	17.14	17.14	54.84	47.39	0.0001	0.0001
	残差	2.19	2.89	7	8	0.31	0.36	—	—	—	—
	失拟项	0.75	1.45	3	4	0.25	0.36	0.69	1.01	0.6018	0.4957
	误差	1.44	1.44	4	4	0.36	0.36	—	—	—	—
	总和	108.79	108.79	16	16	—	—	—	—	—	—
种带宽度变异系数 Y_2	模型	32.74	32.74	9	7	3.64	4.61	28.41	30.48	0.0001	<0.0001
	X_1	9.03	9.03	1	1	9.03	9.03	70.52	59.70	<0.0001	<0.0001
	X_2	2.76	2.76	1	1	2.76	2.76	21.58	18.25	0.0024	0.0021
	X_3	2.14	2.14	1	1	2.14	2.14	16.73	14.16	0.0046	0.0045
	X_1X_2	0.096	—	1	—	0.096	—	0.75	—	0.4150	0.0328
	X_1X_3	0.96	0.96	1	1	0.96	0.96	7.50	6.35	0.0290	—
	X_2X_3	0.64	0.64	1	1	0.64	0.64	5.00	4.23	0.0605	0.0698

（续表）

项目	方差来源	平方和		自由度		均方		F值		P值	
		原数据	剔除不显著数据	原数据	剔除不显著数据	原数据	剔除不显著数据	原数据	剔除不显著数据	原数据	剔除不显著数据
种带宽度变异系数 Y_2	X_1^2	1.72	1.64	1	1	1.72	1.64	13.43	10.85	0.0080	0.0093
	X_2^2	0.37	—	1	—	0.37	—	2.88	—	0.1335	—
	X_3^2	14.71	14.50	1	1	14.71	14.50	114.84	95.88	<0.0001	<0.0001
	残差	0.90	1.36	7	9	0.13	0.15				
	失拟项	0.60	1.07	3	5	0.20	0.21	2.73	2.91	0.1779	0.16
	误差	0.29	0.29	4	4	0.073	0.073				
	总和	33.64	33.64	16	16	—	—	—	—	—	—

5.3.2.6 响应曲面分析

根据回归方程分析结果，用Design-Expert8.0.6软件处理数据，绘制装置导流长度、装置导流宽度、径向距离之间显著、较显著交互作用对清秸率Y_1、种带宽度变异系数Y_2两个试验指标的响应面。

（1）因素对清秸率Y_1的影响分析

当径向距离位于中心位置（25mm）时，装置导流长度和装置导流宽度对清秸率Y_1的交互作用影响如图5-25（a）所示，可以看出当径向距离一定时，随着装置导流长度的增加，清秸率Y_1增大，随着装置导流宽度的增加，清秸率Y_1先增大后减小。当装置导流长度位于中心位置（250mm）时，径向距离和装置导流宽度对清秸率Y_1的交互作用影响如图5-25（b）所示，可以看出当装置导流长度一定时，随着径向距离的增加，清秸率Y_1先增大后减小，随着装置导流宽度的增加，清秸率Y_1先增大而后减小。各因素对清秸率Y_1的总体影响趋势：随着装置导流长度的增加，清秸率增大；随着径向距离、装置导流宽度的增加，清秸率先增大后减小。

主要原因：随着装置导流长度增加，碎秸导流装置本身壅秸情况减弱，对碎秸产生的壅滞影响减小，清秸率增大；当径向距离过小时，碎秸惯性力大，碎秸与导流装置耦合过程中易被弹散至已清理出来的洁区种带，但当径向距离过大时，碎秸与导流装置耦合位置过低，耦合滑切能力减弱，同时惯性力减弱，碎秸经耦合滑切后落至覆秸带概率减小；在整个清秸过程中，始终有少量碎秸通过导流装置与地面间隙漏入种带，随着装置导流宽度的增加，导流装置漏秸区域变化不大，作业前的碎秸增幅比作业后的漏秸增幅更大，清洁率增大，但装置导流宽度增加到一定程度后，碎秸滑出清秸区的横向位移过大，经耦合滑切后落至覆秸带难度增大，落于种带的碎秸量增大，清洁率有所减小。

（2）因素对种带宽度变异系数Y_2的影响分析

当径向距离位于中心位置（25mm）时，装置导流长度和装置导流宽度对种带宽度变异系数Y_2的交互作用影响如图5-25（c）所示，可以看出当径向距离一定时，随着装置导流长度的增加，种带宽度变异系数Y_2减小，随着装置导流宽度的增加，种带宽度变异系数Y_2先减小后增大。当装置导流长度位于中心位置（250mm）时，径向距离和装置导流宽度对种带宽度变异系数Y_2的交互作用影响如图5-25（d）所示，可以看出当装置导流长度一定时，随着径向距离的增加，种带宽度变异系数Y_2增大，随着装置导流宽度的增加，种带宽度变异系数Y_2先减小后增大。各因素对种带宽度变异系数Y_2的总体影响趋势：随着装置导流长度的增加，种带宽度变异系数减小；随着径向距离的增加，种带宽度变异系数增大；随着装置导流宽度的增加，种带宽度变异系数先减小后增大。

主要原因：随着装置导流长度增加，导流装置本身壅秸情况减弱，碎秸分流流向性越好，壅秸滞秸、覆秸成团的情况减弱，种带宽度变异系数减小；随着径向距离的增加，耦合位置降低以及碎秸惯性力减小，碎秸流向种带的趋势性增大，种带宽度变异系数增大；随着装置导流宽度的增加，碎秸与导流装置滑切耦合后横向位移增大，横向分秸能力增强，种带宽度变异系数减小，但超过一定宽度后，相邻导流装置间隔变小，易出现漏秸区域滞秸堆秸和碎秸集覆成团现象，导致种带变异系数增大。

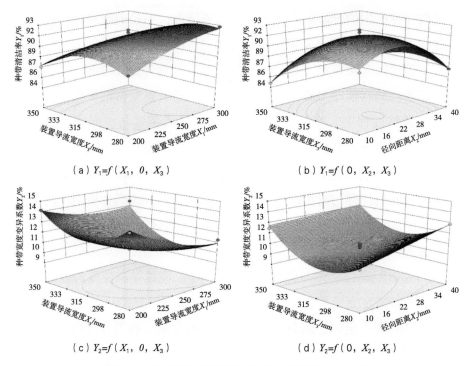

（a）$Y_1=f(X_1, 0, X_3)$　　　　　　　（b）$Y_1=f(0, X_2, X_3)$

（c）$Y_2=f(X_1, 0, X_3)$　　　　　　　（d）$Y_2=f(0, X_2, X_3)$

图5-25　交互作用对清秸率和种带宽度变异系数的影响

5.3.2.7　参数优化

为达到种带清秸与行间覆秸的最优性能，采用多目标变量优化方法，以清秸率最大、种带宽度变异系数最小为优化目标，对装置导流长度、径向距离和装置导流宽度进行优化设计，结合试验约束条件，建立目标及约束函数式（5-33）：

$$\begin{cases} \max Y_1(X_1, X_2, X_3) \\ \min Y_2(X_1, X_2, X_3) \\ s.t. \begin{cases} 250\text{mm} \leqslant X_1 \leqslant 300\text{mm} \\ 10\text{mm} \leqslant X_2 \leqslant 40\text{mm} \\ 280\text{mm} \leqslant X_3 \leqslant 350\text{mm} \end{cases} \end{cases} \quad (5-33)$$

运用Design-Expert 8.0.6软件对2指标的数学模型进行分析求解，优化后选取最佳参数组合为：装置导流长度300mm、径向距离19mm和装置导流宽度298mm，清秸率为92.60%，种带宽度变异系数为9.77%。

将优化参数进行仿真验证，清秸率为91.83%，种带宽度变异系数为10.36%，与优化结果基本一致。

5.3.3 碎秸导流条覆装置作业参数综合优化

5.3.3.1 试验条件与评价指标

2018年10月在江苏省农业科学院宿迁稻麦轮作种植基地进行田间试验，试验土壤条件为含水率35%的黏土，前茬水稻品种为'南粳9108'，试验前采用半喂入收获机进行收获，实测收获后平均留茬高度大于400mm，草谷总质量均值约2.4kg/m，草谷比均值为1.5，稻秸质量均值为14400kg/hm²，采用常发1204型轮式拖拉机为本次试验拖拉机。

实现种秸分型、洁区播种的关键在于种带清秸和碎秸条铺的质量，而播种质量是反应整机作业性能的重要评价指标，因此试验主要评价种带清秸及碎秸条铺作业效果和播种质量。由于目前尚无专门的全秸硬茬地碎秸行间条铺式小麦宽幅播种相关标准，测试参照国家标准GB/T 24675.6—2009《保护性耕作机械秸秆粉碎还田机》、农业行业标准NY/T 500—2002《秸秆还田机作业质量》和GB/T 9478—2005《谷物条播机试验方法》中的方法及规范，测试内容主要包括碎秸合格率、种带清秸率、种带宽度变异系数、播种深度。

碎秸合格率测试方法为，机具平稳作业后，按对角线等间距法，在幅宽内的5条覆秸带随机取10点，各点测试面积为200mm×200mm，分别收集各测试小区内粉碎长度不合格的碎秸并称重，见式（5-34）：

$$\omega = \frac{1}{10}\sum_{i=1}^{10}\left(1 - \frac{w_i}{W}\right) \times 100 \qquad (5\text{-}34)$$

式中：ω——碎秸长度合格率，%；

w_i——第i个覆秸带测试区内长度不合格碎秸质量，g；

W——作业前测试小区碎秸总质量，g。

种带清秸率测试方法为，以相同方法在4条种带上取10个大小为200mm×200mm的测试小区，分别收集各测试小区内全部秸秆并称重，计算公式见式（5-35）：

$$\varepsilon = \frac{1}{10}\sum_{j=1}^{10}\left(1-\frac{w_j}{W}\right)\times 100 \qquad (5-35)$$

式中：ε——种带清秸率，%；

w_j——第j个种带测试小区内碎秸质量，g。

种带宽度变异系数指洁区种带宽度与本宽幅播种农艺模式要求播幅的离散程度。种带宽度变异系数测试方法：随机在各条种带上取10个试验点，测量各点的洁区种带宽度，以该模式下要求播种幅宽240mm为平均值，各洁区种带宽度一致性标准差S和变异系数F的计算见式（5-36）：

$$\begin{cases} S = \sqrt{\dfrac{1}{mn-1}\sum_{I=1}^{n}\sum_{j=1}^{m}\left(D_{iJ}-\overline{D}\right)^2} \\ F = \dfrac{s}{\overline{D}}\times 100 \end{cases} \qquad (5-36)$$

式中：n——每条种带上测试点数量，为保证准确性，取n=10；

m——测试种带行数（按农业技术测定要求，整机种带行数小于6行，需全部测定），m=4；

D_{ij}——第j条种带第i个测试点种带宽度测定值，mm；

$\overline{D}$——播种要求幅宽，$\overline{D}$=240mm。

播种深度测试方法：在4条种带内随机按对角线等间距选取10个试验点，播种覆土完成后，扒开土层，分别测量各试验点种子上的覆土厚度，计算播种深度的合格率，见式（5-37）：

$$\eta = \frac{x_c}{N_c}\times 100 \qquad (5-37)$$

式中：η——播种深度合格率，%；

x_c——满足播种深度要求的测试点数；

N_c——总测试点数。

5.3.3.2　性能试验与优化分析

（1）性能试验设计与方法

为获取最佳种秸分型作业质量，在整机试验前设计性能试验，以获取相关参数的最佳组合。以粉碎刀辊转速、径向距离和作业速度为影响因素，选用$L_9\left(3^4\right)$正交表，设计三因素三水平正交试验，各因素水平如表5-13所示，具体方案如表5-14所示。

表5-13　试验因素与水平

水平	因素		
	粉碎刀辊转速P_1/（r/min）	径向距离τ/mm	作业速度v_m/（m/s）
1	2000	10	0.6
2	2200	20	0.7
3	2400	30	0.8

表5-14　试验设计方案及响应值

序号	A	B	C	种带清秸率ε/%	种带宽度变异系数F/%	综合得分Y
1	2000	10	0.6	88.42	13.61	87.40
2	2000	30	0.7	86.36	14.86	85.75
3	2000	20	0.8	89.17	11.24	88.97
4	2200	20	0.6	92.91	10.85	91.03
5	2200	10	0.7	90.74	13.23	88.76
6	2200	30	0.8	90.03	12.47	88.78
7	2400	30	0.6	85.95	11.93	87.01
8	2400	20	0.7	88.13	10.58	88.78
9	2400	10	0.8	93.16	12.15	90.50
K_1	87.37	88.89	88.48			
K_2	89.52	89.59	87.76			
K_3	88.76	88.36	89.42			
R	2.15	1.23	1.66			

仅选取上述指标的种带清秸率和种带宽度变异系数为反应种秸分型作业质量的评价指标。根据综合评价法，两指标权重各占50%，综合得

分Y计算公式如式（5-38）所示：

$$Y = \varepsilon \times 100 \times 50\% + (1-F) \times 100 \times 50\% \qquad （5-38）$$

（2）性能试验结果分析

试验结果如表5-14所示，因素A、B、C的极差分别为2.15、1.23、1.66，各因素影响显著性为$A>C>B$，根据综合得分和极差分析，选取较优因素组合为$A_2B_2C_3$和$A_2B_2C_1$。

选取因素组合$A_2B_2C_3$进行田间验证试验，重复试验3次，取均值。试验结果为种带清秸率92.97%，种带宽度变异系数10.55%，综合得分91.21。综上所述，选取最佳因素组合为$A_2B_2C_3$，即粉碎刀辊转速2200r/min，径向距离20mm，作业速度0.8m/s。

（3）田间试验

为考核评价整机作业性能，在性能试验选取的最佳参数基础上，进行田间试验，工作参数选取为机具前进速度0.8m/s，秸秆粉碎装置、种带旋耕装置转速分别为2200r/min、300r/min。

田间试验结果表明，在作业幅宽内稻秸被全部粉碎，并规整集覆于两相邻碎秸导流装置间的覆秸带，种带内基本无长秸秆，未见开沟器挂秸或壅土等问题，机具通过性良好，作业稳定，田间试验效果如图5-26所示。

图5-26　田间播种机试验

根据所述试验方法测得全秸硬茬地碎秸行间集覆式小麦播种机田间试验结果如表5-15所示，作业后，碎秸长度均值为110mm，碎秸合格率均值为91.47%，种带清秸率均值为92.58%，种带宽度变异系数均值为10.91%，播种深度均值为4.1mm，播种深度合格率均值为97.32%，符合该宽幅播种农艺模式的相关要求，能够满足全秸硬茬地工况下种带清秸、行间集秸的种秸分型要求和高质顺畅宽幅播麦需求，为稻茬麦宽幅播种创造洁区种床条件。

表5-15　主要性能指标测试效果

序号	碎秸合格率/%	种带清秸率/%	种带宽度变异系数/%	播种深度合格率/%
1	92.46	91.77	11.16	96.85
2	91.57	93.42	10.19	97.44
3	90.38	92.56	11.38	97.67
均值	91.47	92.58	10.91	97.32

全秸硬茬地播种机整机性能试验与示范应用

6.1 全秸硬茬地碎秸跨越移位播种机花生播种试验

研制的麦茬全秸硬茬地花生洁区播种机（详见2.4.2）在河南省驻马店市进行试验，主要考核作业性能及不同播种方式下测产跟踪。试验土壤质地为壤土，土壤含水率17%，前茬作物小麦产量约7560kg/hm²，采用全喂入联合收获，收获后秸秆条铺于田间，草谷比约为1.3，留茬高度20cm，机具配套动力为东方红LG—1004型轮式拖拉机。

6.1.1 播种作业性能试验考核

6.1.1.1 考核指标

试验主要考核整机的作业顺畅性、可靠性和播种质量。洁区作业条件实现的关键在于秸秆粉碎清理效果，直接决定了免耕播种机作业是否可靠、顺畅；秸秆覆盖是否均匀，对花生种子出苗、齐苗、壮苗以及保墒、增肥等均具有重要作用；播种、施肥质量是衡量播种机作业性能的最终指标。因此，试验考核性能指标主要为秸秆粉碎后平均长度、秸秆覆盖不均匀率、播种施肥深度、晾籽率、架种率。

6.1.1.2 试验方法

试验考核参考农业行业标准NY/T 1768—2009《免耕播种机质量评价技术规范》与T/CAMA 21—2019《全秸硬茬地洁区播种机》。机具田间试验情况见图6-1。

图6-1 麦茬全秸硬茬地花生洁区播种试验情况

同时,秸秆覆盖均匀性参照农业行业标准NY/T 500—2015《秸秆粉碎还田机 作业质量》,本研究设计了秸秆均匀覆盖性能测试方案:在机具作业有效幅宽内,随机按作业幅宽等间距取5个正方形区域,再将每一个正方形区域划分为16个小正方形区域,测量每一个小区域内秸秆覆盖量,计算秸秆覆盖不均匀率,计算公式见式(6-1)、式(6-2)和式(6-3):

$$\overline{m_i} = \frac{\sum_{j=1}^{16} m_{ij}}{16} \qquad (6-1)$$

$$F_{ib} = \frac{(m_{i\max} - m_{i\min})}{\overline{m_i}} \times 100 \qquad (6-2)$$

$$F_b = \frac{\sum_{i=1}^{5} F_{ib}}{5} \qquad (6-3)$$

式中: $\overline{m_i}$ ——第 i 个测点内秸秆平均质量,g;

m_{ij} ——第 i 个测点内第 j 个测区秸秆质量,g;

F_{ib} ——第 i 个测点抛撒不均匀率,%;

$m_{i\max}$ ——第 i 个测点内秸秆质量最大值,g;

$m_{i\min}$ ——第 i 个测点内秸秆质量最小值,g;

F_b ——秸秆覆盖不均匀率,%。

6.1.1.3 试验结果及分析

试验表明，作业长度内，将秸秆分流可调装置调至最大，覆盖于地表的小麦秸秆全部被粉碎清理至集秸装置，并被提升输抛，播种机开沟器未出现挂草、壅堵现象，整机作业顺畅，碎秸平均长度为115mm，利于快速腐解，秸秆粉碎清理能力满足实际生产作业需求。经测试计算，机具作业后，秸秆覆盖不均匀率为17%，覆盖均匀性良好，机具作业前后田间秸秆覆盖效果见图6-2。

（a）作业前　　　　　　　　　　　　　（b）作业后

图6-2　作业前后秸秆覆盖效果对比

花生机械化播种要求播深为50mm左右、双粒率在75%以上、穴粒合格率在95%以上。试验结果表明，试验机具播种平均深度和施肥平均深度分别为46mm和59mm，播种主要质量指标见表6-1，明显优于NY/T 1768—2009《免耕播种机质量评价技术规范》和TICAMA 21—2019《全秸硬茬地洁区播种机》标准要求。

表6-1　主要作业质量指标

检测项目	双粒率/%	穴粒合格率/%	晾籽率/%	架种率/%
花生插播	87	98	0	0

6.1.2　田间长势及产量对比

6.1.2.1　试验方法

作物田间长势及最终产量的高低是衡量播种机是否适用的根本性指

标，本研究在河南省驻马店市驿城区水屯镇石庄村开展机播对比试验，分别采取基于全秸硬茬地碎秸跨越移位"洁区播种"思路的麦茬全秸硬茬地花生洁区播种方式，以及主产区常规灭茬机、旋耕机加旋播机的播种方式。花生品种均为'驻花2号'，土壤肥力状况均为黄褐土、中等肥力。

田间管理跟踪及最终实地测产由农艺栽培专家负责。测产方法为：随机5点取样，计量行距、穴距和种植密度。每样点取2m双行收获，称鲜果重，再计算每亩鲜果重，按折干率55%，缩值系数0.85计算实际产量。麦茬全秸硬茬地花生洁区播种田间长势情况见图6-3。

（a）前期   （b）中期

图6-3　花生前期和中期田间长势情况

6.1.2.2　结果及分析

经实地测产，麦茬全秸硬茬地花生洁区播种培示范田平均种植密度277905株/hm²，平均鲜果质量12298.5kg/hm²，折实际产量5749.5kg/hm²；常规机播种植田平均种植密度257700株/hm²，平均鲜果重11521.5kg/hm²，折实际产量5386.5kg/hm²。对比数据见表6-2。

表6-2　测产对比数据

检测项目	平均种植密度/（株/hm²）	平均鲜果质量/（kg/hm²）	实际产量/（kg/hm²）
本机播种	277905	12298.5	5749.5
常规机播	257700	11521.5	5386.5

考虑实际播种每公顷株数差异，以相同平均种植密度折算麦茬全秸硬茬地花生洁区播种实际产量约为5749.5kg/hm²，与传统常规机播种植田的产量5386.5kg/hm²相比，产量还稍高于传统种植，结果表明基于全秸硬茬地碎秸跨越移位"洁区播种"思路的麦茬全秸硬茬地花生洁区播种方式完全满足农艺要求。

6.2 全秸硬茬地碎秸行间集覆播种机性能试验

6.2.1 试验设计与方法

性能试验在农业农村部南京农业机械化研究所东区实验室进行，以人工铺设秸秆模拟稻作生产机械化收获后的全量秸秆还田。供试水稻秸秆为江苏省农业科学院培育种植的'南粳9108'，平均长度大于等于320mm，含水率为21%，草谷总质量均值为2.2kg/m²，草谷比均值为1.6，均匀铺设密度为2kg/m²（大于田间秸秆覆盖量），铺设试验地面积150m²（50m×3m），牵引拖拉机型号为常发1204。测试方法及指标参照国家标准GB/T 24675.6—2009《保护性耕作机械 秸秆粉碎还田机》、农业行业标准NY/T 500—2015《秸秆还田机作业质量》以及机械行业推荐标准JB/T 8401.3—2001《根茬粉碎还田机》中规定的作业规范和性能要求，图6-4为整机性能试验情况。

图6-4 性能试验现场

在匀铺的模拟试验区域（50m×3m），以拖拉机为动力驱动机具进行性能试验。为保证后续播种施肥环节的作业顺畅性以及作物长势，实现洁区无障碍播种条件的关键在于机具的秸秆粉碎质量和种带清秸效果。因此，选择影响整机工作性能和作业效果的主要参数：粉碎刀轴转速n、导流板径向距离τ、整机行走速度v作为试验因素，以碎秸合格率ε_1作为评价指标，表征秸秆粉碎性能；以种带清秸率ε_2作为评价指标，表征洁区种带分型、清秸效果。根据上述试验设计方案和一般保护性耕作机械作业要求，设定作业速度v范围为0.6~1.5m/s，粉碎刀轴转速n范围为1600~2400r/min，导流板离碎秸刀外圆径向距离τ为10~30mm，在前期预试验工况以及实际作业经验的基础上，选取合适的因素水平，设计三因素三水平正交试验$L_9\left(3^4\right)$，因素水平如表6-3所示。

表6-3　正交试验因素水平

水平	刀轴转速n/（r/min）	径向距离τ/mm	行进速度v/（m/s）
1	1600	15	0.8
2	2000	20	1.0
3	2400	25	1.2

试验过程中，通过调整不同的粉碎刀轴转速、导流板径向距离、整机行进速度，分别计算各参数组合条件下碎秸合格率ε_1和种带清秸率ε_2分析评价整机的作业性能，每组试验重复3次取其平均值。试验考核指标以GB/T 24675.6—2009《保护性耕作机械　秸秆粉碎还田机》作为测试依据，在试验区域作业后工作幅宽内碎秸集覆带随机取500mm长度的10个采集点，收集该区域内粉碎长度大于15cm的秸秆（不合格的粉碎秸秆）并称量其质量w_i；用同样的方法在试验区域作业后种带清秸带随机选取10个采集点，收集该区域内的粉碎秸秆并称量其质量w_j，则相应的试验指标计算公式见式（6-4）：

$$\begin{cases} \varepsilon_1 = \dfrac{1}{n}\sum_{i=1}^{n}\left(1-\dfrac{w_i}{w}\right)\times 100 \\[2mm] \varepsilon_2 = \dfrac{1}{n}\sum_{j=1}^{n}\left(1-\dfrac{w_j}{w}\right)\times 100 \end{cases} \qquad (6-4)$$

式中：ε_1——碎秸合格率，%；

ε_2——种带清洁率，%；

w——作业前地表以上所有的秸秆覆盖总量，g；

w_i——作业后测区采集点内不合格的粉碎秸秆质量，g；

w_j——作业后种带清洁带采集点内不合格的粉碎秸秆质量，g。

6.2.2 试验结果与分析

根据上述正交性能试验方案测得试验结果如表6-4所示，A、B、C分别为n、τ、v编码值。

表6-4 正交试验结果

试验号	试验因素			碎秸合格率ε_1/%	种带清秸率ε_2/%
	A	B	C		
1	1	1	1	87.23	91.35
2	1	3	2	88.35	87.55
3	1	2	3	91.45	92.76
4	2	2	1	92.36	94.47
5	2	1	2	89.24	93.26
6	2	3	3	94.97	91.82
7	3	1	1	93.66	88.14
8	3	2	2	94.72	90.13
9	3	1	3	96.13	95.82
碎秸合格率ε_1	k_1	89.01	90.87	91.08	
	k_2	92.19	92.84	90.77	
	k_3	94.83	92.32	94.18	
	R	5.82	1.97	3.41	$A>C>B$	$A_3B_2C_3$
种带清秸率ε_2	k_1	90.55	93.47	91.32	
	k_2	93.18	92.45	90.31	
	k_3	91.36	89.17	93.46	
	R	2.63	4.30	3.15	$B>C>A$	$A_2B_1C_3$

根据对表6-4中各因素极差R的数值分析可以看出，对于评价指标ε_1，各因素影响显著性大小顺序为A、C、B，较优的影响因素水平组合为

$A_3B_2C_3$；对于评价指标ε_2，各因素影响显著性大小顺序为B、C、A，较优的影响因素水平组合为$A_2B_1C_3$。

表6-5　方差分析

评价指标	变异来源	平方和	自由度	均方和	F	显著性
	校正模型	78.73[a]	6	13.12	18.46	
	A	51.06	2	25.53	35.87	**
碎秸合格率ε_1	B	6.30	2	3.15	4.43	
	C	21.36	2	10.68	15.01	*
	误差	0.27	2	0.71		
	校正模型	58.82[b]	6	9.47	4.89	
	A	10.88	2	5.44	2.81	
种带清秸率ε_2	B	30.37	2	15.18	7.83	**
	C	15.56	2	7.78	4.01	*
	误差	0.87	2	1.94		

a：R^2=0.98，b：R^2=0.94；

*为显著（P>0.05）；**为极显著（P>0.01）。

根据表6-5方差分析结果，误差项平方和数值远小于各影响因素的平方和，表明各试验因素间的交互作用试验考核指标影响不明显。在分析考核指标碎秸合格率ε_1时，由F_A>F_C>F_B可以看出试验因素A对指标ε_1影响极显著，因素C影响显著，因素B影响较小；分析考核指标种带清秸率ε_2时，由F_B>F_C>F_A可以看出试验因素B对指标ε_2影响极显著，因素C影响显著，因素A影响最小，与极差分析结果一致。

综合极差分析和方差分析结果可知，根据不同的评价指标，各因素影响显著性有所差异，选择的最优因素水平组合也不同。评价指标以碎秸合格率ε_1优先时，选取$A_3B_2C_3$组合最优，因素B对其影响较小，但是对指标ε_2影响极其显著；评价指标以种带清秸率ε_2优先时，选取$A_2B_1C_3$组合最优，因素A对其影响较小，但是对指标ε_1影响极其显著。进一步分析可以看出，指标ε_1随着A因素的增大而增大，即可通过增大刀轴转速n来提高碎秸合格率，改善秸秆粉碎效果，与前文的理论分析结果一致；

随着B因素的增大ε_1呈现先增大后减小的趋势（峰值出现在B_2），表明增加一定的导流板径向距离τ可以提高碎秸合格率，而τ超过某一数值时ε_1会逐渐减小，这是因为径向间隙过大，型腔内秸秆受高速气流和惯性力的作用容易窜流，导致粉碎不彻底，合格率不高；随着C因素的增大ε_1呈现先减小后增大的趋势（峰值出现在C_2），表明行走速度v越快，粉碎装置在有限的时间内对秸秆粉碎不完全，降低秸秆粉碎合格率ε_1，当v达到某一定值，秸秆在行进过程较小的时间内被一定程度的堆积，更有利于被旋转动刀捡拾并粉碎，从而会提高一定的粉碎合格率ε_1。指标ε_2随着A因素的增大呈现先增大后减小趋势（峰值出现在A_2），表明刀轴转速n越大，碎秸在型腔内气流运动越规整，随着导流板流势铺放在行间，种带清秸率越高，当n超过一定值转速后，秸秆粉碎效果越好，更加细碎的秸秆易穿过导流板间隙进入种带区域，降低种带清秸率ε_2；ε_2随着B因素的增大而减小，表明在试验范围内，随着导流板径向距离τ的增大，碎秸流向种带的趋势性越大，种带清秸率ε_2越低；随着C因素的增大ε_2呈现先减小后增大的趋势（峰值出现在C_2），这是因为在一定范围内，整机行走速度v越低，碎秸分流流向性越好（覆秸成型率越好），种带清秸率ε_2越高；v越快，秸秆易出现推堵现象，堆积的秸秆会溢出两侧的种带，导致种带清秸率ε_2的降低，但随着v超过一定速度后，碎秸在很短的时间内无法流动进入种带，因而种带清秸率ε_2逐渐回升。因此，选择各试验因素出现峰值的相应水平A_2、B_2、C_2组合为相对优水平组合$A_2B_2C_2$，使得碎秸合格率相对较高、种带清秸率相对较好。由于分析的3组最优组合均未出现在正交试验方案中，所以调整n、τ、v，另外增加3组试验方案$A_3B_2C_3$、$A_2B_1C_3$、$A_2B_2C_2$，对评价指标ε_1、ε_2进行对比验证，每组试验重复3次取其均值，对比试验结果如表6-6所示。

表6-6　对比试验结果

因素水平组合	碎秸合格率ε_1/%	种带清秸率ε_2/%
$A_3B_2C_3$	95.54	90.16
$A_2B_1C_3$	89.75	94.33
$A_2B_2C_2$	93.42	92.71

由表6-6可知，试验方案$A_2B_2C_2$对应的碎秸合格率ε_1=93.42%，较ε_2优先时最佳方案$A_2B_1C_3$（89.75%）高；对应的种带清秸率ε_2=92.71%，较ε_1优先时最佳方案$A_3B_2C_3$（90.16%）高，均可满足相关行业标准对秸秆粉碎还田机的作业要求（≥90%）。相比于单项作业性能达到最优，选取相对全面更优的因素水平组合$A_2B_2C_2$，即刀轴转速n=2000r/min、径向距离τ=20mm、行走速度v=1.0m/s，在能够保证秸秆粉碎质量、种带清秸效果的基础上，避免导流板秸秆堵塞，减少整机功率消耗，发挥全秸硬茬地碎秸行间条覆小麦播种机最好的工作性能，实际机具总体配置中仍需综合考虑其他因素。

6.3 全秸硬茬地碎秸行间集覆播种机小麦播种试验

为了验证上述正交试验最佳因素水平组合下全秸硬茬地碎秸行间集覆小麦播种机工作性能，在徐州市睢宁县进行田间生产试验，田块为前茬水稻全喂入收获后全秸硬茬地，作业面积约5.0hm^2，留茬平均高度为18cm，机收后秸秆平均长度大于400mm，田间秸秆覆盖量约为1.6kg/m^2，含水率为35%，草谷总质量均值为2.4kg/m^2，草谷比均值为1.5，土壤为壤性土质，含水率约20%（18cm以上），图6-5所示为田间作业与播后效果情况。

图6-5 田间作业与播后效果

田间试验前，调节整机工作参数到最佳水平组合：刀轴转速n=2000r/min、径向距离τ=20mm、行走速度v=1.0m/s，进行6组重复性试验，每组试验作业长度为100m，试验结果如表6-7所示。

表6-7　田间试验结果

试验号	碎秸合格率ε_1/%	种带清秸率ε_2/%
1	95.64	91.28
2	86.27	94.17
3	91.58	85.52
4	90.62	88.37
5	89.13	91.06
6	94.25	92.84
均值	91.29	90.54

　　试验结果表明，全秸硬茬地碎秸行间条覆小麦播种机田间作业碎秸合格率均值为91.29%，秸秆切碎长度为3～7cm，种带清秸率均值为90.54%，种床宽度均值（24±0.5）cm，覆秸宽度均值（32±0.5）cm，主要作业性能指标符合相关农业机械行业技术标准以及当地农艺生产要求。

　　相关农艺栽培专家也进行了全程田间管理跟踪及最终实地测产，测产表明：应用全秸硬茬地碎秸行间集覆机播技术播种的小麦平均亩产量476kg/亩，对比传统秸秆粉碎、犁翻、旋耕播种的机播产量442kg/亩，实现将秸秆条铺覆盖还田，提高了秸秆肥料化利用效应，产量有较明显提升。同时单套机具一次完成秸秆粉碎、旋耕整地、小麦施肥播种复式作业，较多种机具多次下田作业的机播工序，省工省时、大幅降低了作业成本，显著提高了作业效率。图6-6所示为水稻碎秸行间集覆播种小麦作物长势跟踪。

图6-6　水稻碎秸行间集覆播种小麦作物长势跟踪

为考核前茬玉米全秸硬茬地碎秸行间集覆机播小麦的作物田间长势及最终的产量，在江苏省农业科学院六合试验基地进行田间生产试验，对比传统秸秆粉碎还田机、翻转犁、旋耕机加旋播机的机播方式。前茬玉米品种均为'宁麦21号'，土壤肥力状况均为黄褐土、中等肥力，玉米秸秆状态为人工掰棒收获后秸秆直立于田间。田间管理跟踪及最终实地测产由农艺栽培专家负责，测产方法：采用随机10点取样，每个样点4m²，计量每个样点的实际产量，取10个样点的产量平均值折算成公顷产量。实地测产表明，传统机播方式下对照田小麦产量6309kg/hm²，采用全秸硬茬地碎秸行间集覆机播方式的小麦产量为6945kg/hm²，增产10.08%。玉米茬全秸硬茬地碎秸行间集覆机播小麦田间长势情况如图6-7所示。

（a）播后田间情况

（b）小麦初期长势

（c）小麦中期长势

（d）小麦后期长势

图6-7　玉米茬全秸硬茬地碎秸行间集覆机播小麦田间长势情况

6.4　全秸硬茬地高质顺畅播种系列技术装备示范应用

全秸硬茬地高质顺畅机播关键技术连续被农业农村部列为主推技术，2018年亦被江苏省列为秸秆机械化还田首选技术。技术装备已在河南农有王农业装备科技股份有限公司等农机企业产品化生产销售，系列产品可根据不同作业工况、不同作物、不同产区播种需求，通过便捷组配实现适宜选配，具有广泛的适用性，已在我国河北、山东、河南、江苏、安徽、山西、陕西、新疆、湖北、天津、辽宁、吉林、黑龙江等地的小麦、玉米、花生主产区得到了推广应用，同时亦在俄罗斯获得示范应用。应用情况如图6-8所示。

（a）技术装备受到主流媒体关注

（b）大型示范会现场

（c）规模化应用现场

（d）黑龙江玉米免耕机播试验示范现场

（e）俄罗斯机播示范应用

（f）稻麦轮作区机播技术试验示范

图6-8　系列技术装备示范应用情况

全秸硬茬地高质顺畅机播关键技术创造了全秸硬茬地机播新途径，有力推动了我国机械化播种技术进步和升级，为秸秆禁烧、保护生态环境和促进农业绿色生产行动提供了有力技术与装备支撑，为农机行业转型升级提供了新的重要增长点，并获得了显著的经济效益、社会效益与生态效益。

参考文献

毕于运，王亚静. 2017. 经验与启示——发达国家农作物秸秆计划焚烧与综合利用[M]. 北京：中国农业科学技术出版社.

毕于运. 2010. 秸秆资源评价与利用研究[D]. 北京：中国农业科学院.

毕于运，高春雨，王亚静，等. 2009. 中国秸秆资源数量估算[J]. 农业工程学报，25（12）：211-217.

陈克复，田晓俊，王斌，等. 2015. 利用农业秸秆制浆造纸所实施的先进技术体系的优选与评价[J]. 华南理工大学学报（自然科学版），43（10）：122-130，139.

陈亚洲，皮钧，郑添义. 2012. 基于先导分配的电液比例控制平地机控制系统[J]. 农业工程学报，28（2）：7-12.

陈艳，王春耀，陈发，等. 2009. 棉秆粉碎还田机刀辊的研究[J]. 农机化研究（8）：36-38.

陈有庆，吴峰，顾峰玮，等. 2014. 麦茬全秸秆覆盖地花生免耕播种机试验研究[J]. 中国农机化学报，35（2）：133-135.

陈自胜，孙中心，徐安凯. 2000. 青贮玉米及其经济效益[J]. 吉林农业科学，25（4）：41-44.

崔文文，梁军锋，杜连柱，等. 2013. 中国规模化秸秆沼气工程现状及存在问题[J]. 中国农学通报，29（11）：121-125.

党锋，毕于运，李秀金. 2013. 欧洲大中型沼气工程现状分析及对我国的启示[C]//2013年中国沼气学会学术年会论文集：121-125.

丁幼春，杨军强，朱凯，等. 2017. 油菜精量排种器种子流传感装置设计与试验[J]. 农业工程学报，33（9）：29-36.

段海燕，贺小翠，尚大军，等. 2009. 我国秸秆人造板工业的发展现状及前景展望[J]. 农机化研究（5）：18-21.

樊玉霞，王瑞杰. 2006. 秸秆综合利用技术的推广与措施[J]. 云南农业大学学报（21）：181-184.

范如芹，罗佳，严少华，等. 2016. 农作物秸秆基质化利用技术研究进展[J]. 生态与农村环境学报，32（3）：410-416.

傅志前，朱兰玺. 2012. 国外秸秆建筑的产生与发展研究[J]. 工业建筑，42（2）：33-36.

高焕文. 2008. 美国保护性耕作发展动向[J]. 北京农业（22）：50.

顾峰玮，胡志超，陈有庆，等. 2016. "洁区播种"思路下麦茬全秸秆覆盖地花生免耕播种机研制[J]. 农业工程学报，32（20）：15-23.

郭文川，刘驰，杨军. 2013. 小麦秸秆含水率测量仪的设计与试验[J]. 农业工程学报，29（1）：33-40.

何进，李洪文，李慧，等. 2009. 往复切刀式小麦固定垄免耕播种机[J]. 农业工程学报，25（11）：133-138.

何萍，张新忠，李晓春.2016.免耕播种小麦常见问题分析[J].现代农机（5）：48-49.

胡昊.2015.污土铣刨收集机械限深轮接地压力模糊控制研究[D].合肥：中国科学技术大学.

胡红，李洪文，李传友，等.2016.稻茬田小麦宽幅精量少耕播种机的设计与试验[J].农业工程学报，32（4）：24-32.

胡志超.2015.全秸秆覆盖地机械化免耕播种技术研发取得重大突破[J].基层农技推广（4）：40.

黄娟.2007.梗丝气力输送系统的运行参数优化及试验研究[D].南昌：南昌大学.

黄军军，黄程鹏，董军.2006.秸秆发电技术的现状和展望[J].能源与环境（5）：95-96.

黄英超，李文哲，张波.2007.生物质能发电技术现状与展望[J].东北农业大学学报，38（2）：270-274.

霍丽丽，田宜水，赵立欣，等.2011.农作物秸秆原料物理特性及测试方法研究[J].可再生能源，29（6）：86-92.

霍丽丽，孟海波，田宜水，等.2012.粉碎秸秆类生物质原料物理特性试验[J].农业工程学报，28（11）：189-195.

汲文峰，贾洪雷，佟金.2012.旋耕—碎茬仿生刀片田间作业性能的试验研究[J].农业工程学报，28（12）：24-30.

贾洪雷，赵佳乐，姜鑫铭，等.2013.行间免耕播种机防堵装置设计与试验[J].农业工程学报，29（18）：16-25.

姜海天，唐皞，范磊，等.2013.农作物秸秆在复合材料中的应用研究[J].高分子通报（11）：54-61.

姜述杰，赵伟英.2009.浅谈秸秆生物质直燃发电技术[J].锅炉制造（4）：40-42.

寇戈，蒋立平.2009.模拟电路与数字电路[M].北京：电子工业出版社.

李安宁，范学民，吴传云，等.2006.保护性耕作现状及发展趋势[J].农业机械学报，37（10）：177-180，111.

李发权.2006.固定床秸秆气化系统的设计与性能试验研究[D].石河子：石河子大学.

李娟.2012.发酵床不同垫料筛选及其堆肥化效应的研究[D].泰安：山东农业大学.

李娟，石绪根，李吉进，等.2014.鸡发酵床不同垫料理化性质及微生物菌群变化规律的研究[J].中国畜牧兽医，41（2）：139-143.

李廉明，余春江，柏继松.2019.中国秸秆直燃发电技术现状[J].化工进展，29（增刊）：84-90.

李天来.2019.外行视角看我国设施食用菌发展[J].食药用菌，27（4）：225-230.

李万良，刘武仁.2007.玉米秸秆还田技术研究现状及发展趋势[J].吉林农业科学，32（3）：32-34.

李小聪，吴明亮，邱进，等.2016.稻秸秆对行抛撒装置的结构设计与试验[J].湖南农业大学学报，42（4）：454-459.

李毓茜，王梦雨.2016.秸秆栽培食用菌的资源化利用研究进展[J].安徽农业科学，44（8）：88-89，198.

李志文.2010.生物质能工艺及装备的应用研究[D].贵阳：贵州大学.

李忠正. 1995. 国内外制浆造纸工业现状和发展趋势（续）[J]. 北方造纸（3）：12-18.

廖庆喜，高焕文，舒彩霞. 2004. 免耕播种机防堵技术研究现状与发展趋势[J]. 农业工程学报，20（1）：108-112.

林海龙，武国庆，罗虎，等. 2011. 我国纤维素燃料乙醇产业发展现状[J]. 粮食与饲料工业（1）：30-33.

林静，宋玉秋，李宝筏. 2014. 东北垄作区机械免耕播种工艺[J]. 农业工程学报，30（9）：50-57.

刘芳. 2012. 基于水稻秸秆覆盖还田的免耕直播油菜栽培模式研究[D]. 武汉：华中农业大学.

刘建胜. 2005. 我国秸秆资源分布及利用现状的研究[D]. 北京：中国农业大学.

刘姣娣，曹卫彬，田东洋，等. 2016. 基于苗钵力学特性的自动移栽机执行机构参数优化试验[J]. 农业工程学报，32（16）：32-39.

刘晓风，袁月祥，闫志英. 2010. 生物燃气技术及工程的发展现状[J]. 生物工程学报，26（7）：924-930.

刘巽浩，王爱玲，高旺盛. 1998. 实行作物秸秆还田促进农业可持续发展[J]. 作物杂志（5）：2-6.

刘艳芬，林静，郝宝玉，等. 2016. 免耕播种机土壤工作部件测试装置设计与试验[J]. 农业工程学报，32（17）：24-31.

刘云东，杨军太，白玉成，等. 2001. 秸秆粉碎还田机：JB/T 6678—2001[S]. 北京：中国机械工业联合会.

刘长虹，吴树新，朱艳坤，等. 2009. 玉米秸秆制备木糖醇工艺的研究[J]. 中国资源综合利用，27（1）：9-12.

楼辰军，楼辰辉，李凤华，等. 2008. 青贮玉米的发展现状及栽培技术[J]. 粮食作物（10）：109-111.

吕金庆，尚琴琴，杨颖，等. 2016. 锥盘式撒肥装置的性能分析与试验[J]. 农业工程学报，32（11）：16-24.

吕金庆，王英博，李紫辉，等. 2017. 加装导流板的舀勺式马铃薯播种机排种器性能分析与试验[J]. 农业工程学报，33（9）：19-28.

马玉娥. 2002. 风机参数化设计数据库系统的研制与开发[D]. 西安：西北工业大学.

潘凯，韩哲. 2009. 无土栽培基质物料资源的选择与利用[J]. 北方园艺（1）：129-132.

彭卫东，单宏业. 2013. 农作物秸秆综合利用110问[M]. 北京：中国农业科学技术出版社.

蒲兴秀，林存峰. 2005. 温室茄子有机生态无土栽培基质配方筛选[J]. 中国蔬菜（12）：32-33.

施印炎，罗伟文，胡志超，等. 2019. 全量秸秆粉碎条铺与种带分型清秸装置设计与试验[J]. 农业机械学报，50（4）：58-67.

石玉华，初金鹏，尹立俊，等. 2018. 宽幅播种提高不同播期小麦产量与氮素利用率[J]. 农业工程学报，34（17）：127-133.

宋军，李书泽，李孝禄，等. 2005. 高速电磁阀驱动电路设计及试验分析[J]. 汽车工程，27（5）：546-549.

宋鹏慧，方玉凤，王晓燕，等. 2015. 不同有机物料育秧基质对水稻秧苗生长及养分积累的影响[J]. 中国土壤与肥料（2）：98-102.

孙丽娟，冯健. 2016. 秸秆粉碎还田机秸秆抛撒不均匀度测试方法探讨[J]. 中国农机化学报，37（6）：35-38.

田金明，程兴田，刘博，等. 2009. 免耕播种机 质量评价技术规范：NY/T 1768—2009[S]. 北京：中华人民共和国农业部.

田素博，宋传程，董嵩，等. 2016. 甜瓜贴接嫁接机切削装置工作参数优化与试验[J]. 农业工程学报，32（22）：86-92.

佟彤. 2013. 发酵床养猪的发酵垫料研究[D]. 长春：吉林农业大学.

王波. 2003. 秸秆型栽培基质的理化特性及其对黄瓜产量、品质的影响[D]. 长春：吉林农业大学.

王飞，李想. 2015. 秸秆综合利用技术手册[M]. 北京：中国农业出版社.

王飞. 2017. 我国农作物秸秆综合利用现状、形势与对策[R]. 天津：京津冀农作物综合利用科技协同发展座谈会.

王福军. 2004. 计算流体动力学分析[M]. 北京：清华大学出版社.

王海洪，孙晓锋，张广成，等. 2010. 玉米秸秆半纤维素制备木糖醇的研究[J]. 应用化工，39（2）：161-166.

王红妮，王学春，黄晶，等. 2017. 秸秆还田对土壤还原性和水稻根系生长及产量的影响[J]. 农业工程学报，33（20）：116-126.

王红彦，王飞，孙仁华，等. 2016. 国外农作物秸秆利用政策法规综述及其经验启示[J]. 农业工程学报，32（16）：216-222.

王红彦，王亚静，王道龙，等. 2016. 基于沼肥不同利用情景的秸秆沼气工程能值分析——以河北省青县耿官屯为例[J]. 生态学杂志，35（10）：1-11.

王明友，宋卫东，王教领，等. 2017. 基于食用菌生产的农业废弃物基质化利用研究进展[J]. 山东农业科学，49（1）：155-159.

王奇，贾洪雷，朱龙图，等. 2019. 免耕播种机星齿凹面盘式清秸防堵装置设计与试验[J]. 农业机械学报，50（2）：68-77.

王永军，郭航，田秀娥. 2015. 农作物秸秆饲料化的技术路线与关键技术[J]. 家畜生态学报，36（12）：6-11.

吴峰，徐弘搏，顾峰玮，等. 2017. 秸秆粉碎后抛式多功能免耕播种机秸秆输送装置改进[J]. 农业工程学报，33（24）：18-26.

吴辉. 2007. 圆盘式施肥机抛撒试验系统开发与撒肥规律研究[D]. 保定：河北农业大学.

肖佳华. 2012. 生态养猪发酵床垫料原料替代技术研究[D]. 北京：中国农业科学院.

熊承永，李健，黄利宏. 2003. 户用沼气池秸秆利用浅析[J]. 可再生能源，109（3）：44-45，57.

徐庆元，宋宝增，王华锋，等. 2010. 秸秆气化技术及其利用[C]//2010中国环境科学学会学术年会论文集（第四卷）：3968-3973.

徐向宏，何明珠. 2010. 试验设计与Design-Expert、SPSS应用[M]. 北京：科学出版社.

闫崇宇，肖林伟. 2014. 农作物秸秆的回收利用[J]. 商情，50：181.

严伟，吴努，顾峰玮，等. 2017. 叶片式抛送装置功耗试验研究与参数优化[J]. 中国农业大学学报，22（7）：99-106.

杨丽，张瑞，刘全威，等.2016.防堵和播深控制机构提高玉米免耕精量播种性能（英文）[J].农业工程学报，32（17）：18-23.

于国胜，侯孟.2009.生物质成型燃料加工装备发展现状及趋势[J].林业机械与木工设备，37（2）：4-8.

于文吉，马红霞，王天佑，等.2005.农作物秸秆人造板发展现状与应用前景[J].木材工业，19（4）：5-8.

袁志发，贠海燕.2007.试验设计与分析[M].北京：中国农业出版社.

苑严伟，张小超，吴才聪，等.2011.玉米免耕播种施肥机精准作业监控系统[J].农业工程学报，27（8）：222-226.

翟之平，李建啸，王芳，等.2013.叶片式抛送装置出料管气流流场分析[J].机械设计与研究，29（6）：122-124.

翟之平，张龙，刘长增，等.2017.秸秆抛送装置外壳振动辐射噪声数值模拟与试验验证[J].农业工程学报，33（16）：72-79.

张冲，吴努，张延化，等.2018.国内外免耕播种技术发展现状及趋势[J].江苏农业科学，46（16）：1-5.

张福春，朱志辉.1990.中国作物的收获指数[J].中国农业科学，23（3）：83-87.

张顾钟.2011.离心风机优化设计方法研究[J].风机技术（5）：26-30，44.

张国梁，孙照斌，曲保雪.2010.生物质致密成型技术与设备研究[J].林业机械与木工设备，38（12）：13-15.

张辉，闻亚美，党帅，等.2019.河南省食用菌产业地位及发展策略[J].中国蔬菜（10）：9-13.

张金霞，陈强，黄晨阳，等.2015.食用菌产业发展历史、现状与趋势[J].菌物学报，34（4）：524-540.

张利平.2004.液压控制系统及设计[M].北京：化学工业出版社.

张莉，李传友，熊波，等.2018.玉米秸秆机械化粉碎还田影响因素研究[J].农机化研究，40（6）：150-154.

张培远.2007.国内外秸秆发电的比较研究[D].郑州：河南农业大学.

张宇，许敬亮，袁振宏，等.2014.世界纤维素燃料乙醇产业化进展[J].当代化工，43（2）：198-206.

章志强.2018.玉米秸秆粉碎抛撒还田机的设计与秸秆运动特性研究[D].北京：中国农业大学.

赵淑红，周勇，刘宏俊，等.2016.玉米勺式排种器变速补种系统设计与试验[J].农业机械学报，47（12）：38-44.

赵学笃，张魁学，张振京.1982.短茎秆的气动特性及其在气流中的运动[J].农业机械学报（2）：55-65.

中国报告网.[2018-4-2].2018年中国生物质能发电行业装机容量及发展空间分析[EB/OL].http://free.chinabaogao.com/dianli/201804/04232I5R018.html.

中国农业机械化科学研究院.2007.农业机械设计手册：上册[M].北京：中国农业科学技术出版社.

中国造纸协会.2015.中国造纸工业2014年度报告[J].中华纸业，36（11）：28-38.

中华人民共和国国家质量监督检验检疫总局，中国国家标准化管理委员会. 2010. 保护性耕作机械 秸秆粉碎还田机：GB/T 24675. 6—2009[S]. 北京：中国标准出版社.

中华人民共和国农业部. 2002. 秸秆还田机作业质量：NY/T 500—2002 [S]. 北京：中国标准出版社.

中华人民共和国农业部. 2002. NY/T 500—2002 秸秆还田机作业质量[S]. 北京：中国标准出版社.

中华人民共和国农业机械部. 1980. 农业机械螺旋输送螺旋：NJ175—79[S]. 北京：技术标准出版社.

钟华平，岳燕珍，樊江文. 2003. 中国作物秸秆资源及其利用[J]. 资源科学，25（4）：62-67.

朱立志，冯伟，邱君. 2013. 秸秆产业的国外经验与中国的发展路径[J]. 世界农业（3）：114-117.

左曙光，刘敬芳，吴旭东，等. 2016. 车用离心风机转子系统振动特性分析[J]. 农业工程学报，32（1）：84-90.

AHMAD F，DING W，DING Q，*et al*. 2015. Forces and straw cutting performance of double disc furrow opener in no-till paddy soil[J]. PloS One，10（3）：e0119648.

BOTTA G，TOLÓN-BECERRA A，LASTRA-BRAVO X，*et al*. 2015. Alternatives for handling rice（*Oryza sativa* L.）straw to favor its decomposition in direct sowing systems and their incidence on soil compaction[J]. Geoderma，（239/240）：213-222.

LENAERTS B，AERTSEN T，TIJISKEN E，*et al*. 2014. simulation of grain-straw separation by Discrete Element Modeling with bendabke straw particles[J]. Computers and Electronics in Agriculture，101（7441）：24-33.

OLAF E，UMAR F，MALIK R K，*et al*. 2008. On-farm impacts of zero tillage wheat in South Asia's rice-wheat systems[J]. Field Crops Research，105（3）：240-252.

参考文献